新知
图书馆

PLASTIC

A TOXIC

LOVE STORY

[美]苏

小 (Susan Freinkel) 著

龙志超 张楠 译

U0174059

塑料之战

上海科学技术文献出版社

Shanghai Scientific and Technological Literature Press

图书在版编目（CIP）数据

　　塑料之战 /（美）苏珊·弗莱恩克尔著；龙志超，张楠译．
—上海：上海科学技术文献出版社，2020
　　（新知图书馆）
　　ISBN 978-7-5439-8027-3

　　Ⅰ．①塑⋯　Ⅱ．①苏⋯ ②龙⋯ ③张⋯　Ⅲ．①塑料—青
少年读物 Ⅳ．① TQ32-49

中国版本图书馆 CIP 数据核字 (2020) 第 020191 号

Plastic: A Toxic Love Story
Copyright © 2011 by Susan Freinkel
This edition arranged with Tessler Literary Agency
through Andrew Nurnberg Associates International Limited
Copyright in the Chinese language translation (Simplified character rights only) ©
2020 Shanghai Scientific & Technological Literature Press

All Rights Reserved
版权所有，翻印必究

图字：09-2018-088

选题策划：张　树
责任编辑：杨怡君　付婷婷
封面设计：周　婧

塑料之战
SULIAO ZHI ZHAN
[美]苏珊·弗莱恩克尔　著　龙志超　张　楠　译
出版发行：上海科学技术文献出版社
地　　址：上海市长乐路 746 号
邮政编码：200040
经　　销：全国新华书店
印　　刷：常熟市人民印刷有限公司
开　　本：720×1000　1/16
印　　张：10.25
字　　数：184 000
版　　次：2020 年 4 月第 1 版　2020 年 4 月第 1 次印刷
书　　号：ISBN 978-7-5439-8027-3
定　　价：35.00 元
http://www.sstlp.com

苏珊·弗赖恩克尔的书愈发增强了我对塑料的爱与恨。这是一本特别棒的读物——缜密、机智、鼓舞人心,如塑料本身一样令人着迷。

——设计师　凯瑞姆·瑞席

现代社会是由塑料构成的。如果没有心脏起搏器、涤纶、计算机、移动电话、胶底运动鞋或者口香糖(口香糖是塑料?是的!),我们的世界将会怎样?

但是,我们爱上塑料一个世纪后,这种浪漫开始消退。生产塑料是利用日益减少的化石燃料,排出有害的化学物质,污染环境并且破坏海洋生物。然而我们所应用和消耗的塑料逐年增加,过去10年所生产的塑料与整个20世纪相当。我们陷入一种对塑料不健康的依赖———一种有毒的关系当中。

在这本引人入胜并使人大开眼界的书中,记者苏珊·弗赖恩克尔告诉我们,人类已经到达危机的边缘。她通过追溯历史、科学和全球经济来评估塑料对我们生活的真正冲击。

弗赖恩克尔通过8个人们熟悉的塑料制品——梳子、座椅、飞盘、点滴袋、一次性打火机、塑料袋、苏打水瓶和信用卡来讲述故事。每个物品都展示了我们这个人造世界不同的一面,它们共同为我们提供一种新的思维方式去思索塑料这种已成为能定义和象征我们这个时代的媒介物质。

我们不能也不必驻足停留在一条塑料铺成的道路上。塑料为我们指明了一条新的道路:我们可以与这种因爱生恨却又似乎无法完全脱离开的材料建立一种新的有创造性的伙伴关系。

目 录

塑 料 村

1950年，费城的一个玩具公司为电动火车的爱好者们开发了一种新的配件：能够通过按压而拼装成塑料建筑物的组件。它们能够拼装成一个叫作美国塑料村的地方，爱好者还可以选购城镇中的塑料人。

塑料村起始于一个寂静的乡村小镇，火车穿过红色的谷仓驶进小村庄，村庄里有很多鳕鱼角样式的房屋，一个警察局，一支消防队，一所学校和一座有尖顶的古色古香的白色教堂。但是经过许多年，这条生产线扩展成大片繁荣的住宅区，住宅区中有殖民样式的二层楼房，分层的牧场式住宅和一条大街；大街上有银行、五金店和药店，一个现代超市，一个二层医院，一个以费城古老的独立礼堂为蓝本建造的市政厅。塑料村甚至还有一个驶入式汽车旅馆、一座飞机场和自己的电视台。

当然，今天我们全都住在塑料村中。但是直到我决定一整天不接触任何塑料时，我才清楚我的世界已变得多么塑料了。在实验那一天早上，当我拖着沉重的脚步，睡眼惺忪地走进浴室时，只过了10秒钟，我就意识到这个实验有多么愚蠢，因为马桶座就是塑料的。我迅速修改计划，我会用一整天时间写下所有我触摸过的塑料品。

只用了45分钟，我就在笔记本上写满了一整页（笔记本本身也有部分被列为塑料类，包括其合成纤维装订），我削尖的2号铅笔外面也覆盖一层含有塑胶的黄色颜料。下面就是我在清晨的例行活动中写下的物品：

闹钟、床垫、加热垫、眼镜、马桶座、牙刷、牙膏管和盖、壁纸、人造大理石柜台、电灯开关、桌布、大蒜碾碎器、电茶壶、冰箱门把手、装冷冻草莓的袋子、剪刀把手、酸奶盒、蜂蜜罐盖、果汁罐、奶瓶、矿泉水瓶、肉桂罐盖、面包袋、包装茶盒的塑料玻璃纸、茶袋包、保温瓶、锅铲把手、洗涤液瓶、碗、砧板、小塑料袋、电脑、羊毛运动衫、运动胸衣、瑜伽裤、运动鞋、猫粮盒、舀狗粮的小杯、牵狗的皮带、随身听、报纸袋、人行道上随意扔掉的蛋黄酱袋、垃圾桶。

女儿看到不断加长的清单，不禁瞪大眼睛喊道："哇！"

到这一天结束时，我已在笔记本上写满了4页。我的规则是，每样物品只记录一次，比如像冰箱把手这种我反复触摸的东西，否则我会将整本笔记本写满。即使这样，我的清单仍然包括196项，范围从大的物品如小型货车的仪表板（其实，整个车内饰都是塑料的），到小的物品如午餐时用来贴在我切的苹果上的椭圆形的标签。毫无悬念，物品的包装占了清单的一大部分。

我从没有想过我自己的生活竟然充满了塑料。我住在一所有近百年历史的房子里。我喜欢天然织物、老家具、手工烹制的食物。我本可以说我家拥有的塑料制品比一般的美国家庭少——主要是为了美化而不是其他原因。我是在开玩笑吗？第二天，我记录下每件我所触摸过的非塑料制品。到上床的时候，我只在笔记本中记录下102件物品，塑料与非塑料的比例接近2:1。

下面是我在这一天从第一个小时开始所接触过的一些非塑料物品：棉线床单、木地板、厕纸、瓷质龙头、草莓、杧果、花岗岩瓷砖台面、不锈钢汤匙、不锈钢水龙头、纸巾、纸板蛋盒、鸡蛋、橙汁、铝饼板、羊毛地毯、玻璃黄油盘、黄油、铸铁烤盘、糖浆瓶、木质切面包板、面包、铝制滤网、瓷盘、玻璃杯、玻璃门把手、棉袜、木质餐桌、狗的金属项圈、尘土、树叶、树枝、木棍、草（如果我不用塑料袋，我的狗在树叶、树枝和草间排出的粪便）。

令人奇怪的是，我发现列出非塑料制品清单既困难又无聊。因为我确定不去重复计算物品，当我把第一批物品记录后，就不再有太大的不同了，至少与塑料制品的分类是如此。木材、羊毛、棉花、玻璃、石头、金属、食物，进一步提炼为：动物、蔬菜、矿物质。这些基本分类大致包括了非塑料清单上的全部项目。而塑料制品清单，相比而言，却包含多种多样的材料，这些令人眼花缭乱的合成品构成了我们生活的大部分，却又令人奇怪的不显眼。

仔细考虑着我这份长长的塑料清单，我意识到我实际上对它几乎一无所知。真的，塑料是什么呢？它是从哪里来的？我的生活是如何在我还未作努力前就充斥着合成物质的？看着这份清单，我看到一些能够使我的生活变得更简单和便利的塑料制品（我的快干衣服、我的家用器具、收集狗粪便的塑料袋）以及一些我可以不用的塑料制品（泡沫塑料杯、三明治袋、我的不粘锅）。

我从未真正仔细观察过塑料村中的生活，但是新闻报道的关于有毒玩具和婴儿奶瓶的事情却又似乎说明用塑料的代价可能超过其受益。我开始考虑是否我在无意中使我的孩子们暴露在可能会影响他们发育和健康的化学品中。我女儿，自上幼儿园开始，所用的午餐盒中的硬质塑料水瓶已被证实会泄漏出类似雌激素的物质。难道这就是她九岁时乳房开始发育的原因吗？其他问题也都接踵而至。我不厌其烦地放入再循环垃圾桶中的塑料制品都怎么样了？它们真的被再循环了吗？还是我所遗弃的物品最终汇合成大团的垃圾流到了遥远的海洋中？某个地方的海豹是否会因为吃下我丢弃的塑料瓶盖而窒息呢？我应该放弃使用塑料购物袋吗？汽水瓶真的比我和我孩子的寿命还要长吗？这真的很重要吗？我应该关注吗？住在塑料村里究竟意味着什么？

　　塑料一词本身就会令人困惑。这个词我们用单数表示，并且不加区分地指代任何人造物质。但是世上有千万种塑料，它们并不是某种单一的材料，而是较松散的相关类别。

　　当我参观纽约一个叫作材料关联的地方时，我看了一眼塑料一词中所包含的几乎无止境的可能性。这是一家提供咨询和材料储藏的混合公司，设计师可以思考他们的产品用什么来制作。创始人把这里描述为"可以抚摸新材料的动物园"。当我浏览文件中成千上万种塑料时，我的确感觉到自己处在一个触觉和视觉的仙境中。有一块很厚的亚克力板看起来就像洁净凝固的瀑布，珠宝颜色的胶团诱人去挤压；有一块看起来和摸起来都像老人皮肤的肉色布料，一位员工评论道："我永远都不愿意穿那样的东西"。还有多种假皮的布样、绿网、灰长绒地毯、仿草叶、有记忆折叠方式的布料、能吸收太阳能并传递给穿着者的布料。我看到了模仿纹理细致的大理石、烟熏的黄宝石、暗色水泥、带斑点的花岗岩、有纹理的木材。我触摸了多种表面，它们有的表面不光滑，有的闪亮，有的不平整，有的如砂纸般，有的毛茸茸的，有的黏糊糊的，有的像羽毛，有的如金属般冰冷，有的像皮肤一样温暖而柔软。

　　但是塑料不一定像在材料关联公司的异域动物园中所展示的那样才能令人印象深刻，即使是像尼龙这种普通的塑料也可能让人惊讶得大叫。当用作降落伞时它可能像丝绸，制成连裤袜时又很有伸展性，制成牙刷时可以又短又硬，在一条尼龙搭扣上又可以很密实。《美丽家庭》对这种多样性推崇备至，它在1947年出版了一篇题为"尼龙——快乐的骗子"的文章。

　　各种塑料不论不同点有多少，它们都有一个共同点：它们都是聚合物，希腊语意为"许多部件"。它们是由成千上万的所谓单体（希腊语"单一部分"）的原子单位连接而成的长链，最终连接成巨大的分子。与水这种只有一个氧原子和两个氢原子构成的微小粒子相比,聚合物粒子是极其巨大的。聚合物粒子能包含数万单体——链条连接如此之长,以至于科学家们多年来一直在争论它们是否能被连接成单一分子。一位化学家说,你也可以声称"在非洲的某处发现了一头大象,长为457.2米,高为91.44米"。但是这种分子的确存在,而且它的巨大能够解释塑料的根本特征:可塑性。想象一下,与一颗或者几颗珠子相比,一长串珠子能够被拉长、伸展、堆积或缠绕,可操作性极强。珠子的长度和排列可以帮助确定聚合物的特性:强度、耐久性、清晰度、灵活性和伸展性。链条拥挤在一起可以用于制作结实坚硬的塑料瓶,如装洗洁精所用的瓶子。链条中有空隙就可以制造更柔韧的瓶子,这是用来装需要挤压的番茄酱的理想瓶子。

人们经常说我们生活在塑料时代。但是我们到底是从什么时候进入这个时代的呢?有些人说这一切开始于19世纪中期,当时发明者开始从植物中提取开发新的、有延展性的半合成化合物用以替代像象牙这样稀少的天然材料。另一些人将时间定为1907年,当时比利时流亡者利奥·贝克兰制成了电木,这是第一个完全人造的聚合物,完全是由自然界中无法找到的分子所组成。随着这种产品的发明,电木公司夸口说,人类已经超越了自然世界,动物、矿物和植物领域的传统分类,"现在我们拥有第四个领域,其疆界无可限量"。

你也可以将塑料的起始点定在1941年,当时,珍珠港爆炸发生不久,负责为美国军队供给的主管提议尽可能用塑料制品取代铝、黄铜和其他战略性金属。第二次世界大战将聚合物化学品从实验室拉到了现实生活中。现在我们熟知的主要塑料材质——聚乙烯、尼龙、丙烯酸、泡沫聚苯乙烯,最初都是在战争中收到的订单。为了满足军方需求,工业界变剑为犁,扩大了塑料生产。正如一位早期的塑料业内人士回忆,到战争末期,很显然"几乎没有什么不是塑料制成的,而现在一切都有可能"。塑料此时开始真正渗透到日常生活的各个角落,悄悄进入我们的家庭、汽车、衣服、玩具、工作场所,甚至我们的身体。

在一个个的产品、一个个的市场中,塑料向传统材料发起挑战并赢得胜利,取代了汽车中的钢铁,包装中的纸张和玻璃,家具中的木材,甚至是阿米什人的小马车也有部分是由被称为玻璃纤维的强化塑料纤维制成。到1979年时,塑料的产量已超过钢铁的产量。在短短的时间内,塑料已惊人地成为现代生活的骨架、结缔组织和光滑的外表。

无可争议的是,塑料确实比天然材料具有更多的优势,但这并不能解释它怎么会突然到处存在。塑料村成为可能甚至是不可避免的,这是由于石化工业的兴起。20世纪20年代至30年代,当时发明新聚合物的化学公司开始与控制生产这些聚合物重要配方的石油公司结合为巨头。

炼油厂每天24小时无休止地生产出一些诸如乙烯气这类必须处理掉的副产品。如果能为这种气体找到用途，这种副产品就能成为潜在的经济发展良机。在20世纪30年代初期，英国化学家就发现，乙烯气可以制成聚乙烯聚合物，即现在广泛用于包装的材料。另一种副产品——丙烯，经重新配置后，可以作为聚丙烯的用料，这是一种用于制作酸奶杯、微波炉专用碟、一次性尿布以及汽车材料的塑料。还有一种副产品是丙烯腈，可用于制作亚力克纤维，我们这个时代的经典象征——人造皮草诞生了。

塑料只是化学工业的一小部分，代表我们所消耗的化石燃料中很微小的一部分。但是石油工业对经济的强制力促进了塑料村的兴起。正如环保主义者巴里·康门勒所说："每个新的石化程序通过其自身内在逻辑产生一个强有力的趋势，增产其更进一步的产品，同时取代先前存在的产品"。不断流出的石油不仅仅给汽车加油，而且也是在为基于消耗由塑料制成的新产品的整个文化加油。进入塑料村并非经过思考后的决定，也不是某次经济大萧条或者政治辩论的结果，也没有去思索社会公益、环境影响，或者在其寿命结束后如何去处置这些塑料制品。塑料带来的是丰富的廉价产品，这在人类历史上是一件坏事吗？难怪我们会对塑料上瘾，或者说对它所带来的便利、舒适、安全、乐趣和轻薄上瘾。

在过去的80多年里，全世界所消耗的塑料每年都在逐步递增，从1940年的几乎没有到后来接近3亿吨。我们真的是在一代人的时间就变成了塑料人。1960年，每个美国人平均消耗大约3.61千克的塑料制品。今天，我们每人每年至少消耗136.08千克的塑料，最终产生超过3 000亿美元的销售额。基于这种闪电般的上升势头，一位工业专家声称塑料"是20世纪最伟大的商业案例之一"。

塑料迅速扩散并最终进入到我们的生活中，这说明我们之间的关系是深入持久的。但是我们对塑料却有着既依赖又不信任的一种复杂的混合感受——类似于上瘾者对所选择的成瘾物质的感受。最开始，我们为科学家们如魔术般用碳、水和空气制造出来一个又一个奇迹般的材料而欢呼。1936年，一位女士在参观了得克萨斯州交易会，杜邦公司的奇异世界化学展览后惊呼，"杜邦对我们自然界所做的改善太棒了"。几年之后，人们告诉民意测验人员，他们认为玻璃纸是英语中第3个最美丽的词汇，只位列于"母亲"和"记忆"之后。在我们的陶醉中，我们决定只相信我们这个现代的新伙伴最好的方面。塑料宣布了材料自由的新时代，这是从自然吝啬中的解放。在塑料时代，原材料不会短缺，也不会因某些内在的性质，如木材的僵化或者金属的电抗性而受限制。人工合成物质能够替代，甚至精确模仿稀有的贵重材料。爱慕塑料者预测，塑料将给我们带入一个更洁净、更明亮的世界，每个人都能享受一种"普遍的平等的华贵"。

很难说这种聚合物的热潮是何时开始消退的，但是1967年当电影《毕业生》上映时，这股热潮已经消失了。在这一时期，塑料制品的洪流，如粉红色的火烈鸟、乙烯壁板、人造皮鞋逐渐被看作是便宜的代用品这种局限逐渐显露出来。所以在电影中当朋友把本杰明·布拉多克拉到一边并给他职业建议"我就想和你说一个词……塑料！"时，观众能确切地了解他是相当的不愉快。塑料不再给人以无限的联想，而只是一种乏味无生气的未来，就如同罗宾逊太太的微笑一样虚假。

今天我们所依赖的其他材料都不会引发这种负面联想，或者引起这种发自内心的厌恶感。诺曼·梅勒称之为"宇宙中一股恶毒的力量……相当于社会中的毒瘤"。我们也许是创造了塑料，但根本上来说它还是与我们不相容的，总是会被看作不自然的事物（尽管它并不比水泥、纸张，或其他人造材料显得更不自然）。一个原因可能是超自然的耐久性。与传统材料不同，塑料不会融化、生锈或者分解，至少在其有用的时间框架内。那些很长的聚合物链耐久性强，这意味着我们生产的大多数塑料会始终与我们在一起，成为垃圾，海洋中的碎片，或是埋在土里。明天，人类可能会从地球上消失，但是我们制造的许多塑料制品却会存在几个世纪。

这本书追溯了人类与塑料的复杂关系，从狂喜拥抱到失去魔力再到今天的冷漠和困惑交织的情感。在人类塑造物质世界的漫长计划中，在这充满变革的世纪中，塑料扮演着重要的角色。故事的背景巨大，却也令人非常熟悉，因为里面充满着我们每天用到的物品。我选了8件物品来讲述塑料的故事：梳子、椅子、飞盘、点滴袋、一次性打火机、购物袋、汽水瓶和信用卡。每种物品都是讲述生活在塑料村中的一课，塑料村陷入了一张对现代生活来说既是奇迹又是危害的材料网中。通过这些物体，来考证塑料品的历史和文化，以及塑料物品的制作。我研究了塑料，以及人造物品是如何影响我们的健康和环境的，也探讨了人类在生产和处置塑料制品上所做出的持续性努力。每种物品都像是在塑料村的各个领域打开了一扇窗。我希望把这些窗户全部打开，这会照亮我们与塑料的关系，并提出，在人们的努力下，这种关系会变得更健康。

我为什么决定聚焦在这些很小、很普通的物品上呢？它们都不是科学正在开发的令人目眩的先进聚合物，诸如能够自我修复的智能塑料以及能够导电的塑料。因为那些东西并不是在我们的日常生活中起关键作用的塑料制品。我也不选择任何耐久物品，诸如汽车、电器或者电子产品，毫无疑问这些物品也能使人了解塑料时代。但汽车或者iPhone的材料故事包含的内容远比塑料还多。简单的物品，经过恰当的努力，能够提取出精华的部分。历史学家罗伯特·傅里德说过,我们的世界是由小事物构成的。

简单的事物有时能讲述复杂的故事,塑料的故事也充满了自相矛盾的谜题。我们享受着前所未有的丰富物质,却经常感到贫困,就像我们在一个装着泡沫塑料花生的盒子里搜寻,结果却没找到其他的东西。我们将历经百万年创造出来的天然物质设计成只用几分钟就生产出来的产品,然后又将它们变成永远挥之不去的垃圾送回地球。我们享受基于塑料的技术,因为这些技术前所未有地拯救了许多生命,但也对人类健康带来了隐形的危害。我们把与从偏远地方挖出的高能量分子一样的能量埋在垃圾掩埋场中,把塑料废物以原材料形式运到海外制成产品后又卖给我们。我们卷入了争执中,塑料最严厉的批评者和最坚定的拥护者谈论的事情是一样的:这些材料太宝贵了,不能去浪费。

这些自相矛盾的说法使我们对塑料的焦虑逐渐增长。然而我很惊讶地发现,许多当今占据头条的与塑料相关的新闻在过去几十年都出现过。研究表明,人体组织中有塑料痕迹可以追溯到20世纪50年代。20世纪60年代,第一次报道了海洋中出现塑料垃圾的事件。1988年,纽约萨福克第一个颁布了关于塑料包装的禁令。每次事件,这个话题都会在几个月甚至几年中吸引我们的注意力,然后又从公众的雷达监视中悄悄溜走了。

但是现在的风险更大了。我们在21世纪的前十几年所生产的塑料与整个20世纪的产量几乎相等。当塑料村扩展得更广时,我们更加完全地扎根在塑料强加给我们的生活中。越来越难以使人相信这种塑料化的步伐是可持续的,难以使人相信自然界能够长期忍受我们无休止地"改善自然"。但是,我们能否开始致力于解决塑料所带给我们的问题呢?我们能否与这些材料建立一种更安全的、对我们的后代有可持续性的关系呢?塑料村还有未来吗?

一
改善自然

　　如果你上eBay（易趣网），这个人类愿望的虚拟露天广场，你会找到一个专门经营古董梳子的小地方。光顾了好几次这个网站，我看到数十把由早期的叫作赛璐珞的塑料制成的梳子，这些梳子是如此美丽以至于它们应该被收入博物馆，它们非常有诱惑力以至于我也想拥有。我看到一些梳子，它们看起来好像是由象牙或琥珀雕刻而成，有些似有云母的斑点，因此它们就好像镶金般闪耀。我看到大的花边装饰的仿龟壳梳，它们可能曾在镀金年代被佩戴在首次亮相的某位头发高高盘起的女士头上。还有发出蓝宝石或绿宝石光芒，或者发出曾被叫作人造钻石光芒的如皇冠般的梳子。我最喜欢的一把梳子是1925年制造的装饰梳，有弯曲的把手和自带的盒子，它们在一起像是由龟壳制成的优雅女包，上面还有一个人造钻石扣。梳子只有10.16厘米长，一定是为某位短发的爵士时代美女而设计的。看着这把梳子，我能想象到它第一位主人的样子，她一定是一位穿着低腰裙，梳着波波头，充满生气的女士，展现出她从紧身内衣、长礼服和沉重的发髻中解放出来的快乐。

　　令人吃惊的是，这些极其美丽的古董的价格却不贵。赛璐珞塑料使之成为可能，首次使人们能够大量制造梳子——保持价格低廉，即使对于当今那些没有很多钱，却想拥有非常棒的物品的收藏者来说也能负担得起。对于生活在塑料刚出现时代的人们来说，赛璐珞提供了如某位作家所说的"许多文明时代必需的奢华品的仿制品"，预示着这种新材料文化的美学和丰富性。

　　梳子是我们最古老的工具之一，人类在各种文化和时代都

1

用它来装饰、梳理头发以及驱除虱子。它们的前身是人类最基本的工具——手。自从人类开始用梳子取代手指，梳子的设计几乎没有发生变化，这使得以讽刺见长的报纸《洋葱》发表了一篇题为"梳子技术：为何如此落后于剃须刀和牙刷领域？"石器时代的工匠，他们制造了最古老的梳子，这是大约8 000年前用兽骨雕刻而成的小四齿梳子，他们不会对放在我卫生间台子上闪亮的蓝色塑料梳子感到陌生。

在历史上，人类几乎用手边的任何材料来制作梳子，包括骨头、龟壳、象牙、橡胶、铁、锡、金、银、铅、芦苇、木头、玻璃、陶瓷、纸型。但是在19世纪末，当这种全新的材料——赛璐珞，第一种人造的塑料到来时，所有这些选择都开始消逝了。梳子是由赛璐珞制成的首批也是最受欢迎的物品。跨越了材料的界限，梳子制造者就没有再回头。从此以后，梳子一般就是由这样或者那样的塑料制成。

对梳子的改造故事也就是我们自身被塑料改造的一部分。塑料使我们从自然界的束缚中，从材料的限制和一直限制人类活动的有限资源中解放出来。这种有弹性的梳子也同时突破了社会的界限。这些有延展性的、多用途的材料的到来使制造者有能力创造出更多的新产品，同时也为低收入者成为消费者创造了机会。塑料为新材料和文化民主造就了可能。梳子，这种人类最古老的配件，使任何人都能将这种可能随身携带。

塑料这种如此深入我们生活的物质到底是什么呢？这个词来自希腊语的动词plassein，意思是"塑造或定型"。由于其特殊的结构，塑料能被塑造，那些很长的、灵活的原子或小分子链重复连接成一个巨大的分子。"你看到过丙烯分子吗？"一次一位塑料制品爱好者问我，"那会是你所见过的最美丽的物品之一。它看起来就像一座绵延数英里远的大教堂"。

第二次世界大战后，当实验室人工合成的塑料已经可以定义我们的生活方式时，我们开始认为塑料不自然，然而自然界从生命之初就开始编织聚合物了。每种生物体中都含有这种分子链。构成植物细胞壁的纤维素就是聚合物。构成我们的肌肉、皮肤的蛋白质以及决定我们基因命运的那种螺旋式的梯状DNA都是聚合物。不论聚合物是天然的还是人造的，其主干很可能是由碳组成的，这是一种结实、稳定、非常热烈的原子，很适合形成分子链。其他一些元素，典型的如氧、氮、氢，经常与碳骨架结合，这些原子的选择和排列会制造出特定的种类繁多的聚合物。把氯加入这个分子链，你就会得到氯乙烯，或者说是乙烯基。如果在其中加入氟，你就可以获得光滑的不粘材料特氟龙。

植物纤维是早期的塑料原材料。随着高油价的出现，人们又开始着眼于这种新一代的"绿色"塑料——植物纤维。但今天大多数的塑料都是由碳氢分子构成——碳氢包——它们是从提炼石油和天然气的过程中取得的。想一想乙烯，这是在生产上面提到的两种物质时释放出来的。这是一种由4个氢原子和2个碳原子组成的友好分子，它们的化学组成相当于是双方握手的方式。通过化学的轻推作用，这些碳原子释放出一个键，使各自能够伸出手来抓住另一个丙烯分子的碳原子。将这个程序重复成千上万次，然后再瞧! 你会得到一个新的巨大分子——聚乙烯，这是一种最常见也是多用途的塑料。根据其生产的过程，这种塑料能被用来包装三明治或在太空中拴住漫步的宇航员。

下面《纽约时报》的这篇消息已有150多年的历史，但是它听起来却异常现代：这份报纸在1867年警告说，大象正陷入"濒临灭绝"的极度危险之中，这是由于人类对象牙贪婪无限的需求造成的。象牙当时被用于制作各种物品，从纽扣到盒子，从钢琴键到梳子，但最大用途是台球。台球当时开始风靡美国和欧洲的上层社会，每个地区、每幢大厦都有一张台球桌。到19世纪中期，人们越来越担心很快就不会有足够的大象来满足台球桌上的用球了。斯里兰卡的情况最糟糕，那里的象牙是最好的台球来源。《泰晤士报》报道，在岛的北部，"由于当局对提供的象给予每头几个先令的奖励，当地人在不到3年的时间内捕杀了3 500头大象"。总计，每年至少消耗约453.5吨的象牙，这引发了象牙短缺的担忧。"在大象灭绝，猛犸象用尽之前"，《泰晤士报》希望，"恰当的替代品可能被发现"。

象牙不是自然界大储藏库中唯一开始缺乏的物品。为时尚的梳子提供外壳的不快乐的玳瑁龟也开始变得稀少。甚至是牛角，这种在美国独立战争前就被梳子制造商采用的天然塑料，也变得不易得到。

在1863年，流传着这样一个故事，一位纽约的台球供应商在报纸上刊登了一则广告，提供"很大的一笔财富"，价值1万美元的黄金，奖励给任何能够找到象牙替代品的人。约翰·卫斯理·凯悦是纽约州北部一位年轻的熟练印刷工，他读了这则广告，认定他能做到。凯悦没有受过化学方面的正规训练，但他确实有发明的智慧——在他23岁时，他就为磨刀器申请过专利。他在家里的后院搭起了一个小屋，用各种溶剂和硝酸与棉花组成的混合团状物开始试验。硝酸棉花的混合物被称为强棉药，因为它非常易燃，甚至会爆炸，很少有人敢于在工作中用它。它曾一度被用于替代火药，直到制造商厌倦了工厂的不停爆炸。

当他在自制的实验室工作时，凯悦是以之前数十年人们的发明和革新为基础，前人曾受到有限的天然材料和物理限制而不断革新。维多利亚时代人们被诸如橡胶和虫胶这类天然塑料品所吸引。正如历史学家罗伯特·傅里德指出，他们把这些物质看作超越木材、铁和玻璃束缚的可能途径。这些材料不仅有延展性,而且易于经硬化变成最后的成品。在这样一个被工业化所迅速转变的时代,这是一个多么诱人的特质合成啊,既倾听坚实的过去又倾听诱人流动着的未来。19世纪的专利中充满了包括软木、木屑、橡胶、黏胶,甚至血液和奶蛋白等的组合式发明,所有这些设计都旨在生产出具有我们今天所说的塑料的一些特质。这些塑料雏形出现在一些装饰性的物品上,如银版照片盒,但它们确实只是未来产品的前兆。当时,塑料这个词还没有出现,直到20世纪早期才出现——但我们已开始梦到塑料了。

1869年,凯悦的突破实现了。经过多年的试验和犯错,凯悦通过试验生产出一种白的材料,它有"皮鞋皮革的密实度。"但它要比一双皮鞋能做得多很多。这是一种能够制成像牛角一样坚硬的有延展性的物质。它不吸水和油。它能被锻造成型或压成纸张一样薄,然后通过切割或锯成有用的形状。它是由天然聚合物创造而成,棉花中的纤维素,却拥有已知的天然塑料不具有的多用途性。凯悦的兄弟艾莎黑是一位天生的推销家,他把这种新材料称为"赛璐珞",意为"像纤维素"一样。

赛璐珞可以说是很棒的象牙替代品。凯悦很显然却没能得到1万美元的奖励,可能是由于赛璐珞不能制成非常好的台球——至少开始时不行。它缺乏象牙的弹跳力和复原力,而且很不稳定。凯悦制成的第一批球互相撞击时发出了像枪声一样很大的爆裂声。科罗拉多州的一位酒馆老板写信给凯悦说:"他不介意,但每次球发生撞击时,屋里的每个人都拔出了枪。"

然而,赛璐珞却是制造梳子的理想材料。正如凯悦在他早期的一个专利中所说,赛璐珞克服了传统材料制作梳子的很多缺点。当它浸湿时,它并不会像木头一样变得黏糊糊的,或像金属一样被腐蚀。不会像橡胶那样易碎,或像天然象牙一样裂开和变色。"很显然,用其他材料不能制成具备这许多优良品质的梳子,只有用赛璐珞才能做到"。凯悦在一份专利申请书中这样写道。它比大多数的天然材料都结实,经过努力,它能被制成与天然材料相似的物品。

用丰富的奶油颜色和斯里兰卡最好的象牙纹路,赛璐珞能够被制成所说的法国象牙这样的人造材料。它可以被加入棕色和琥珀色来模仿龟壳,画出看上去像大理石的纹路;注入珊瑚、天青石或者红玛瑙的光亮颜色,用以模仿一些准宝石;或者经涂黑看起来像黑檀或黑玉。如凯悦的公司在一份宣传册上夸口所说,赛璐珞使得生产极其逼真的仿制品成为可能,以至于它们能够"欺骗专家的眼睛"。"就像石油挽救了鲸鱼,"宣传册说,"赛璐珞使得大象、龟和珊瑚虫得以在栖息地生存；同时也不必搜寻整个地球去寻找那些逐渐变得稀少的物质"。

当然，稀有一直是使某种物质变得奢华和有价值的关键所在。几乎没有什么东西比我们一直渴望却无法得到的东西更宝贵。作家欧·亨利捕捉到了这种刺痛及最终的空虚感。1906年在他的小说《麦琪的礼物》一书中描述了这种渴望。黛拉是一位年轻的妻子，她爱上了百老汇大街上某家商店里的一组梳子："漂亮的梳子，纯净的龟壳，镶嵌着珠宝……她知道它们是昂贵的梳子，她的心只是渴盼着它们，并没有一丝的希望去拥有它们"。以她丈夫每周20美元的薪水，黛拉不可能买得起这样的梳子。黛拉也不是来自一个能够赠给她这样贵重的传家宝的家庭。她住在每月租金8美元，推开窗户就是通风井的公寓里，"只能通过每次买菜买肉时尽量讨价节省一到两个便士"，黛拉在故事开始时是通过她所缺乏的而不是她所拥有的来定义世界。但是最后，那种始终缺乏的感受——即驱动现代消费的力量，并未驱使黛拉去买梳子。在圣诞夜，她剪掉并卖掉了她的头发——她最自豪的物品，去为丈夫珍贵的金表买了一条表链。而在同时，丈夫卖掉了金表为黛拉购买她全心渴望的龟壳梳子。在这两段无私的行动中，两人都是用他们放弃的，即他们并未拥有的，而不是他们希望购买的东西来定义自己。

如果那组梳子是由赛璐珞制成的，欧·亨利就不会有这样的故事讲给我们听了。

即使是以丈夫吉姆微薄的工资，他们也能负担得起赛璐珞梳子。欧·亨利的讽刺故事中所表现出来的慷慨是只有在资源和商品极度匮乏的世界中才合理的。在塑料村，我们不清楚麦琪会拿出什么礼物。很显然，当凯悦的公司热情地宣称"投资赛璐珞几美元"就相当于"花几百美元购买真的天然产品"时，他并没有考虑稀有的价值。

这种极强的仿造能力成为赛璐珞工业的标志。如果可以省略掉制作仿象牙或龟壳梳过程中费力的涂层和染色，就会更容易而且更便宜。但是老主顾总是喜爱天然材料的样式。人们在这种技巧游戏中感到快乐，从某种程度上说，这是人类逐渐掌控自然的证据。艺术评论家约翰·罗斯金是这样描述这种视觉陷阱的："当任何事物看上去不是它本身时，这种相似性几乎可以以假乱真时，我们会感到一种快乐的惊讶，一种愉快的兴奋"。

可能最令人愉快的是，自己所拥有的廉价的物品会被其他人认为是稀有之物。凯悦公司提供很广泛的厕浴套装，并以类象牙、类琥珀、类龟壳、类黑檀木等模棱两可的名字命名。这家公司要求销售员强调这些产品的艺术吸引力，希望劝说那些"尚未因品味的原因,而从购买过分奢华的银质厕浴品转向更便宜却更美丽的用品"的女士。

由于赛璐珞,任何人,甚至欧·亨利笔下的黛拉现在也能买得起看起来像是属于洛克菲勒家族成员的梳子、牙刷和镜子套装。一个公司夸口说:"纹理非常精致而且真实,以至于你会以为它只可能来自某个极好的成年大象的闪光象牙"。任何女店员都能够用漂亮的饰有金银丝精雕细刻的仿龟壳梳子将头发梳起来,这在以往她们是负担不起的。这也是一件好事,根据21世纪初的一位观察家的说法,现代发式经常需要佩戴"几磅重的赛璐珞"梳子。材料的稀少加剧了黛拉的渴望,但是赛璐珞设法解除了消费者渴求的痛苦,把渴望并对自己身份有自知之明的橱窗凝视者变为满意的购物者。赛璐珞帮助向那些从未能幻想享受美好人生的人们传播了一种奢华的品味,或者说至少看起来是奢华的。但更重要的是,它不断地助长人们对更多物品的需求。

赛璐珞出现在社会正从农业经济转为工业经济的时代。人们从一直自己种植,自己准备食物,自己做衣服,逐渐变为人们的衣、食、饮、用的东西都来自工厂。我们很快变为一个消费的社会。如同历史学家杰弗里·麦克尔在他有洞见的文化历史性著作《美国塑料》中指出,赛璐珞是第一批出现在消费市场中的新材料。"通过替换很难找到或者生产过程昂贵的材料,赛璐珞使很多物品平民化,扩大了以消费为导向的中产阶级"。赛璐珞的充足供应使得制造商既能跟上快速增长的需求,也能使费用降低。如同其他随之而来的塑料制品,赛璐珞为美国人提供了通过购买进入新生活之路。

梳子显然不是赛璐珞平民化的唯一例证。赛璐珞衣领与亚麻织物一起能使任何男士看上去衣着华丽。赛璐珞牙刷代替骨质手柄,使人们只需花几便士就能获得牙齿卫生。当凯悦找到方法完善了台球用球后,台球就从白兰地与雪茄的豪华环境中走入社区大厅。台球不再只给富人带来乐趣,也是每个人的游戏,特别是当台子加上了袋子,这项运动演变为现代运动后更是这样了。正如《音乐人》杂志主编哈罗德·希尔所唱:"桌球袋子标志着绅士与流浪汉的不同"。

可能赛璐珞最大的影响是作为照相底片的基础材料。电影的历史是塑料最深远的文化遗产之一,它本身就是一本书。赛璐珞摹写的能力到达了极限,它可以将现实变为虚幻,将三维的、有血有肉的人物转变为屏幕上闪动的二维魅影。赛璐珞在这里用几种方式产生了强有力的提升效果。电影带来了一种大众容易获得并分享新的娱乐方式。花不多的钱就能买到一个下午的戏剧片、爱情片、动作片,逃离尘世。从西雅图到纽约的观众对巴斯特·基顿的滑稽动作都会大笑,听到艾尔·乔森在有声电影中所说的第一句话:"等一下,等一下,你还没有听到什么"时,都会激动不已。电影的大众文化穿越阶级、种族、人种和地域的界限,把所有的人都拉到共同故事中,使人觉得现实本身也与电影片名一样易变且短暂。在电影中,旧的精英被废黜;如果你面容好,有些才能,再加点运气,任何人都能享有过去只有高阶级和高社会地位才能拥有的光艳。黛拉也能成为屏幕上的社会名流和现实生活中的影星。

有讽刺意味的是,赛璐珞所开创的电影事业差点毁掉了赛璐珞梳子工业。1914年,由舞会舞蹈者转变为影星的艾琳·卡斯特,将她的长发剪成短短的波波头,促使全国的女性影迷纷纷效仿去剪短发。剪头发最疯狂的地方是马萨诸塞州的莱明斯特,这里从独立战争以前就是国家的梳子之都,现在是赛璐珞工业的摇篮,大多数赛璐珞都用于制造梳子。在一夜之间,镇上的梳子公司几乎都被迫关门,使成千上万的梳子制造者失业。山姆·福斯特是镇上最大的赛璐珞梳子公司福斯特格兰特的老板,他告诉工人不必担心。"我们会制造别的东西",他向他们保证。他开始生产太阳镜,创造了一个全新的大众市场。"在福斯特格兰特眼镜后面的人是谁啊?"该公司后来在广告中利用如彼得·塞勒、米亚·法罗以及拉奎尔·韦尔奇等明星佩戴黑色太阳镜来逗笑。在当地的小卖铺,任何人都能买到具备同样神秘感的富有魅力的太阳镜。

尽管意义重大,赛璐珞在20世纪初期的材料领域却处在卑微的位置,只限于一些新奇物件和像梳子这样小的装饰物品。用赛璐珞制作物品是个劳动力密集的过程;梳子用磨具制成一批后,还需要手工锯开和抛光。由于材料本身不稳定,工厂就像火绒箱一样。工人们经常在不断喷洒的水花下工作,但火灾仍然很常见。直到开发出更有亲和力的聚合物后,塑料才真正开始改变我们生活的外观、感觉和质量。到20世纪40年代,我们具有大量生产塑料制品的塑料和机器。注入式模具机器此时是塑料生产的标准设备,它可以将原料塑料粉末和粒状物注入模具,一次性制成塑料成品。一个装备多空间的模具机器能够在不到1分钟时间内生产出10把成品梳子。

杜邦购买了莱明斯特最初的一家赛璐珞公司,并在20世纪30年代中期发布了一组照片,展示了一对生产梳子的父子每天的产量。在照片中,父亲站在一摞有350把赛璐珞梳子旁,同时有1万把注塑成型的梳子围绕着儿子。在1930年,买一把赛璐珞梳子需花费1美元,10年后,任何人都可以用一角到五角钱买到一把模具生产的醋酸纤维素梳子。随着塑料大规模生产的兴起,赛璐珞时代流行的奇特装饰性梳子和人工象牙装饰套装逐渐消失。梳子现在回归到它最基本的元素——齿和把手,提供其最基本的功能。

电木是第一个真正合成的塑料，这是完全在实验室制成的聚合物，它为杜邦广告中像注入成型梳子制造者的儿子这样的人铺设了成功道路。像赛璐珞一样，电木的发明是用于替代一种稀少的天然物质——虫漆，这是一种由雌性紫胶甲壳虫分泌的黏液。因为虫漆是一种极好的电导体，对它的需求在20世纪初直线上升。然而，约0.5千克虫漆需要1.5万只甲壳虫分泌6个月。为了跟上电子工业的快速扩张，必须有新的产品来代替。

里欧·贝克兰通过把甲醛与煤的副产品苯酚混合，然后将混合物加温加压所生产出来的塑料，比虫漆用途更广。尽管经过改进，这种电木也可以用于模仿天然材料，但它的逼真程度远不如赛璐珞。然而，它却有自身的特性，有助于发展其独特的塑料外观。电木是一种黑色的、结实的材料，它带有光滑的、机械的美丽。用作家史蒂芬·芬尼契尔的话说，"它像海明威的句子一样简洁"。与赛璐珞不同，电木能够精确地铸造并用机械制成任何物品，从芥末籽大小的工业套管到全尺寸的棺材。当代人为其"变化多端的适应能力"而欢呼，也被贝克兰能够将一些一直被人遗弃像煤渣这样恶臭和肮脏的东西，转变为令人惊奇的新物质而深感惊讶。

很多家庭聚集在电木收音机旁（收听由电木公司赞助的节目），驾驶装有电木附件的汽车，用电木电话相互联系，用带有电木叶片的洗衣机洗衣服，用有电木外壳的熨斗熨衣服——当然，也用电木梳子梳头发。《时代》杂志充满热情地于1924年在一期以电木为封面的文章中提到："一个人从早上刷牙用电木柄的牙刷开始，然后从电木滤嘴上取下最后一支烟，将它熄灭在电木烟灰缸中，向后靠在一张电木床上，所有他所触摸的、看到的、使用的都能由这种有上千种用途的材料制成"。

电木的产生标志着新塑料的发展。从那时起，科学家停止寻找模仿自然的材料，而去寻求"以新的有想象力的方法来重新安排自然。"20世纪20年代至30年代，全世界遍布了各种来自自然界的新材料。一种产品是醋酸纤维素，这是一种半人造产品（植物纤维素是其基本成分之一），它有赛璐珞一样的强适应力，却不易燃烧。另一种产品是聚苯乙烯，这是硬的亮塑料，它可以披上亮色，保持水晶般清澈，或者充气变为泡沫聚合物，即杜邦后来注册的泡沫塑料。杜邦也引进了尼龙，它解决了人类对人造丝绸长达几个世纪的搜寻。当第一双尼龙袜被推荐时，它号称"像丝绸一样光亮"和"像钢铁一样结实"，这使女士们为之疯狂。商店在数小时内就卖光了这种袜子，而且在一些城市里，尼龙短缺导致了骚乱，购物者间发生了激烈的争吵。大洋彼岸，英国化学家发现了聚乙烯，这是一种结实防水的聚合物，后来成为包装的必要材料。最后，我们得到了自然界从未梦想过的塑料：不粘黏任何东西的表面（特氟龙）、阻挡子弹的织物（凯夫拉尔）。

尽管许多的新材料也像电木一样全是合成的，但它们与电木有一点极其不同。电木是热固塑料，就是说其聚合物链条是通过加热连接到一起，定型时再加压。分子连接方式与华夫饼干模具中的牛奶鸡蛋面糊一样。一旦那些分子连接成链条，它们就无法被分开。你可以把一块电木弄碎，但你却无法将其融化制成其他的东西。热固塑料有不可变的分子——是聚合物中的绿巨人，这是你现在还能找到的，看起来几乎是全新的古老电木电话、笔、手镯，甚至木梳的原因。

聚合物如聚苯乙烯、尼龙和聚乙烯是热塑塑料，它们的聚合物链在化学反应中形成，发生在塑料进入模具成型前。连接这些链的键比电木中的要松，所以这些塑料会对热和冷做出反应。它们会在高温下融化（多高的温度取决于塑料本身），冷却后能固化，好像足够冷的话甚至能够结冻。所有这一切意味着，与电木不同，它们能够被反复铸造、融化、再铸造。它们形状变化的多样性是热塑塑料能够迅速使热固塑料黯然失色的原因之一，今天它们占据所有塑料制品的90%。

许多新的热塑塑料都曾被制成梳子，这是因为注射成型和其他纤维技术能够使制造速度更快，产量更大，一天之内能够生产成千上万的梳子。这本身只是一个小成就，但是如果乘以所有的必需品和奢侈品，就可以实现廉价的大规模生产，我们可以理解为什么此时很多人把塑料看作是一个富饶的新时代的先兆。由于自然资源分布的偶然性和不平均，使得一些国家富裕，一些国家贫穷，这引发了无数破坏性的战争，是塑料拯救了这一切。塑料造就了一个人人都能获得材料的乌托邦。

英国化学家维克多·亚斯利和爱德华·卡曾斯在第二次世界大战前夜写下了充满希望的话语："让我们想象一下生活在'塑料时代'的居民""这位'塑料人'将步入一个彩色和光亮表面的世界……在这个世界里，人就像魔术师一样，可以按需制造任何他想要的东西。"他们想象他在一个打不破的玩具、不磨损的墙壁、不变形的窗户、不脏的衣服以及轻型汽车、飞机和船所围绕的世界中长大和变老。老年给人类带来的羞辱会被塑料杯和假牙减弱，直到死亡将塑料人带走，此时他会被埋在"卫生的封闭塑料棺材里"。

20世纪30年代所发现的塑料被第二次世界大战期间的军事行动所垄断，使塑料世界推迟到来。例如，为了保存珍贵的橡胶，1941年美国军方发布命令，军人所使用的梳子必须由塑料制成。所以军队中的每位成员，不论是士兵还是将军都在他的"卫生套装"中得到一把12.7厘米的黑色塑料梳子。当然，塑料也被压成更重要的材料,用于制造迫击炮保险丝、降落伞、飞机组件、天线套、火箭筒外筒、炮塔外罩、头盔内衬以及无数其他应用。塑料也是制造原子弹的重要组成:曼哈顿计划中科学家依靠特氟龙的超级抗腐蚀来制造挥发气体的容器。战争期间塑料的生产发生了飞跃,产量几乎从1939年的9.66万吨翻了四番,变为1945年的37.1万吨。

然而,日本投降后,所有这些产品的潜能必须用于别处,所以塑料开始在日常消费市场中爆发。实际上,早在1943年,杜邦公司就有一个分支在运作,准备一些用于军用品之外的家用品的原型。战争结束几个月后,成千上万的人排队进入纽约第一届全国塑料展,展示在战争中证明了自己的塑料制品。对于厌倦了20年物质匮乏的大众来说,这个展览提供了一次对聚合物前景发展令人激动和闪亮的预演。有像彩虹般各种颜色的纱窗,它们永远不用再上色;轻到可以用一根手指提起来的手提箱,却结实的可以装上一摞砖;用湿布就可以擦干净的衣服;像钢丝一样结实的渔线;使购买者一眼就能看清里面装的食物是否新鲜的包装材料;像由玻璃雕刻的花朵;外观和动作逼真的人造手。这就是英国化学家所想象的充满希望的富裕时代。展览会主席笑着说:"一切都阻挡不了塑料。"

走下战场的美国士兵带着他们的标准梳子回家,却进入了一个物质丰富、充满机会的世界,由于美国士兵的钞票、房屋补贴、适合的人口结构以及经济繁荣使得美国人拥有前所未有的可支配收入。战后塑料制品暴增,甚至比快速增长的国民生产总值还要快。正是由于塑料,美国新富人有无尽的廉价商品可以像吃自助餐一样去选择。新产品和应用层出不穷,很快就变得很平常——塔珀家用塑料制品是普通家用品、福米卡家具塑料贴面台、瑙加海德革椅子、红色亚克力车尾灯、莎纶包装、塑料外墙、塑料瓶、按钮、芭比娃娃、莱卡胸罩、华夫球、运动鞋、吸管杯以及无数更多的东西。这个新兴的工业与媒体合作,特别是与女性杂志合作,向顾客宣传塑料的优点,"塑料使你从累人的工作中解脱出来",《美丽家庭》杂志于1947年10月份在50页的特别一期题为"塑料……一条通往更好、更无忧生活的道路"中向家庭妇女这样保证。就像小广告牌在不同公司中所起的新作用一样,甚至梳子也被带到消费服务上来。宾馆、航班、铁路和其他工业在20世纪50年代末期开始发放印有公司名称的免费梳子。

物品的增加造成了战后社会活动性的加速。我们现在是一个消费大国了,在这个社会里,我们共享现代生活的便利和舒适,因此变得更加民主。并非只是每个锅里都有鸡,而是每个客厅都有电视和音响,每家车道上都有一辆车。如历史学家米克尔所说,通过塑料工业,我们制造想要或所需产品的能力逐渐增强,这使得现实本身看起来有无限的可能,有很强的延展性。现在作为羽翼丰满的塑料村居民,我们开始相信我们本身也是塑料的。正如《美丽家庭》杂志在1953年向读者保证的那样:"你比历史上任何文明时期的人们都更有机会成为你自己"。

普通人的王座

　　1968年，纽约当代艺术工艺博物馆进行了一次里程碑式的展览，展出了由塑料制成的艺术品、家具、家用器皿、珠宝以及各式各样其他的物品。这次名为"像塑料一样的塑料"的展览是颂扬聚合物所带来的一种新的艺术自由。正如《纽约时报》艺术评论家希尔顿·克雷默在他对展览的评论中所写，这里"是一个艺术家梦想的答案""一整套实际上能制成任何人们所能想到的尺寸、形状、形式或颜色的材料"，艺术家和设计师都会深深地爱上这些新材料，这一点也不奇怪！

　　但是，克雷默对展会中艺术家的反应感到惊讶，因为他们对"几乎是浮士德似的自由"反应迟钝，至少与工业设计师相比是如此，工业设计师负责将美学图景转换为实际应用。以他的观点，设计师们，特别是家具设计师，"在塑料的世界里，比最好的艺术家都显而易见地更自由、更有创造力和更有灵感"。他们的创造是"为我们定义新世界的感受"。

　　在展览前，设计师们已经探索新世界几十年了。电木的到来，使他们看到了用塑料创造日常生活中的现代美学的机会，不论是汽车、咖啡壶还是椅子。实际上，特别是椅子。如果梳子带来了塑料的大量生产，那么椅子就给我们展示塑料有多令人难以置信。

　　我开始对椅子加以思考，以前，我只不过对生活中不同椅子的舒适度加以评价而已。但当我开始评价时，我才明白要花很多的创造力来设计一把椅子。这就是据报道赫尔曼·米勒公司花费了1 000万美元开发其符合人体力学优美的阿埃隆铁铝合金办公椅的原因。

我们与椅子的关系比其他任何家具都亲密。然而同样一把餐椅既要使我这样身高1.62米的大臀部坐上,也应该适合我1.83米高,却几乎没有臀部的消瘦的丈夫去坐,也要适合我快速成长的十几岁的儿子们和我娇小的不到10岁的女儿。一把椅子要支撑所有身材和体型的人,而且还要相当舒服。那是一个很高的要求。再没有其他的家具需要满足这许多要求。

结果,长期以来椅子一直被认为是家具设计的珠穆朗玛峰。有创造力的人一次又一次地去处理这看上去简单的物品,去寻找能够将外形和功能结合在一起的新的革新方法。设计博物馆中充满了各种椅子和设计历史书籍。现代艺术博物馆设计部主任保罗·安东内利说:"无论从设计还是人类学的角度上来看,椅子都极其重要"。

如果你回头看椅子的历史,你会惊讶地发现椅子的基本形式是多么始终如一。最古老的椅子———一把从埃及皇后菲莉斯墓中出土的有3 400年历史的椅子(为皇后在来世提供一把好的座椅)与现代起居室的环境很相配。它既宽敞又不高,有高高的扶手和雕刻得很像狮爪的4条腿。椅子的基本直线型在不同的国家和文化中跨越数世纪反复出现。这可能既是由于坐座椅的人的体型决定,也是由材料的限制决定,在人类历史中,椅子大多是由木材和金属,皮革和绳子,以及由织物来制造。

即使只用有限的词语,椅子也为文化的时代精神提供了雄辩的证词。想一想18世纪两把完全不同的椅子吧。一把是路易十四的扶手椅,镀金、华丽、丰富的细节,映射出凡尔赛宫的浮夸和政治;同样的,一把夏克尔风格朴素的、线条简单的椅子反映了这一教派朴素的信仰。巴洛克式扶手椅反映了这位太阳王的光耀,只有他能够享用这把椅子;宫廷的其他成员被迫坐在脚蹬上。夏克尔风格的工匠们故意避开装饰,唯一的细节是为了实用的目的而做。他们对待装饰的态度,正如研究夏克尔风格建筑的历史学家所说:"与他们对自己的血肉之躯一样没有情感。内在所包含的实用精神最重要,而不是精神的载体"。

我们能够在5世纪克里斯莫斯椅子优雅、弯曲的曲线中看到豪华的、有创造力的希腊文化的繁荣,也能在中世纪欧洲宽大结实如王座般的椅子上看到封建统治的强权。工业化的精神可以很明显地在现代古典木质咖啡椅聪明的设计中显现出来。如热衷人士所知,托内14号椅是1859年由德国家具制造者麦克·托内所制造,他当时决心创造一把既能大量生产,价格又不贵的椅子。他成功地将一把好椅子的几何构造简化为容易组装的6个组件:2个木圈、2根棍、一对弯曲的木拱形支柱,外加10个螺丝和2个螺帽。到1930年,5 000万把此种椅子已被成功销售,后来,又售出几千万把。今天的椅子也有同样的传奇。美国人如此迷恋人体力学椅子说明大家真是不爱动的人啊。

但椅子并非只是文化制品，它们也一直用作艺术家的画布。正如工业设计师乔治·尼尔森所说："每个真正的原创思想，每个设计上的革新，每次新材料的应用，家具的每次技术革新，好像都能在椅子上找到其重要的表现"。从20世纪中期以来，塑料制品促成了大多数的革新。这个化学舰队的到来打破了传统材料施加的许多限制。除了传统椅子一系列的直角外，椅子设计者开发了很多适合人体型的座椅。塑料椅子可以有许多腿，或者像豆袋椅一样，一只腿也没有。它可以很硬，也可以软软的或者充满空气，也可以被塑造成棒球或棒球手套的形状。只要聚合物技术神通广大，唯一的限制就是设计师的想象力而已。

塑料一词在希腊语的词根可用作形容词或动词，但不能用作名词，当这个词刚被创造出来时，其词性比我们所能想象的更符合塑料的本性。尽管我们把塑料当作一种东西来谈论，可是它并没有能在天然物质中找到标志其生物属性的所谓物的特征。木材、石头、金属、矿物都有内在属性，我们知道如何应用和定义它们。我们知道钻石非常坚硬，可以划玻璃，金戒指不会生锈，黑檀木能被打磨到极其光滑。当我们看一件天然材料制成的物品，我们能看出它是如何形成的，是画的，敲打的，还是铸造的，或者纺织而成的。

但是塑料品是无法预测的，并未提供其过去和未来的线索。尽管任何聚合物都能经设计具备特定的属性，而它能被定义为塑料家族成员的本质属性是其可塑性，那种无论我们需要什么，它们都能做到的变化多端的能力。正如法国哲学家罗兰·巴特1957年在其著名的关于塑料的思考中所述，"塑料快速变化的技巧是绝对的，它能变成水桶也能变成珠宝"。

这种适应性极强的物质的到来，带给我们最大限度依我们的意愿和幻想，按我们的需求和梦想塑造世界的能力。电木的制造者选择用代表无限的塑料符号作为其商标，显示了塑料无限的能力。

设计师从塑料的早期开始就为塑料的无限可能性所吸引。他们喜爱合成物所提供的设计自由以及材料所赋予的现代精神，如一位德国评论家所说的塑料乐天主义，这是一种门户大开的感觉。对于家具设计师保罗·弗兰克而言，电木一样的材料表达着"20世纪的日常用语，合成物的创造语言"，他还敦促其他设计师用充分的想象力来探索这种新材料直率的人造性。正如弗兰克和其他20世纪30、40年代使用电木的设计师所解释，那是一种流畅的语言，是一种由曲线、短线和泪滴形组成的行话，它通过日常生活的物品，如电话、收音机、马提尼酒摇杯创造了一种速度感和运动感。把钢笔变为流线型，这种麻木的物品都会宣称：我们现在正冲向未来。后来出现的可塑性热塑塑料所具备的无限性为此提供了更广阔的设计词汇。

有另一个原因使设计师喜欢塑料。从20世纪中期以来,现代设计受到平等主义影响,这种理念认为好的设计不需要花大价钱,即使是最世俗的东西也可以变为美丽之物。正如瑞和查尔斯在他们著名的绕口令信条中所说:"把最好的带给最多的人"。塑料是完成这一任务的最好媒介:可塑性,相对便宜,可以大规模生产。或如以热爱这种合成材料而闻名的现代设计师Karim Rashid所说,"若要创造美丽的平民设计,塑料是最好的材料"。当现代艺术博物馆在1956年展出20世纪最杰出的设计,就把一些塔珀家用塑料制品包含在内时,它就认可了塑料的贡献。研究塔珀家用塑料制品的历史学家艾丽森·克拉克所说,这些制品受到表扬是因为它们制作良好,比例恰当,"整洁""仔细考虑形状并奇迹般摆脱很多家居用品的粗俗感",正如塑料使消费品大众化一样,它们现在正使设计大众化。

然而,任何新关系都存在危险。很容易利用塑料的模仿力来制造笨拙的仿制品,如仿木橱柜和仿皮躺椅,这使塑料就是劣等材料的坏名声越传越广。一位评论家写道,塑料的适应力和圆滑性破坏了它取得应受重视的正统名声的"尊严"。

在战后几年内,人们使用塑料有一些不好的经历,这使人们对它的印象更加恶化。这个初生的工业承诺带来"实验的奇迹",但是和平时期的市场满是化学灾祸。制造商正处在艰难的学习过程中,他们并不总能带给客户快乐。一些塑料碟会在热水中熔化,塑料玩具会在圣诞节早上裂开,塑料雨衣会在雨中变得湿黏并分解。20世纪50年代,当制造商们搞清楚如何制造更好的塑料,更重要的是,如何将合适的聚合物恰当地应用时,聚合物技术才取得了进展。但是塑料的名声已经被破坏。

设计师查尔斯·埃姆斯清楚地知道与塑料为伍将面临怎样的挑战。他和他的妻子瑞创造了第一把标志性的塑料椅——著名的桶椅,弯曲的玻璃纤维安装在十字形细金属腿上。在1963年给学生的一次讲座中,他谈到了用天然材料如花岗石和人造材料如玻璃纤维的区别。他说,花岗石是一种坚硬的材料,从中创造出好东西并不容易,但做出坏东西也极其困难。

他继续说:"塑料是一种不同的物质。用这种没有骨架的材料极其容易做出废品来。材料本身没有抵抗力,功力全在艺术家"。埃姆斯说他对塑料的态度与阿兹特克人对烈酒的态度一样,对年轻人来说,这是一种非常危险且会致人上瘾的表达方式。按阿兹特克人的法律,达到一定年龄并成熟的人才有资格沉湎于烈酒,年轻人醉酒甚至会被判处死刑。同样,埃姆斯认为:"橡皮泥和油漆喷雾器应该留给年过半百的艺术家"。

20世纪50年代中期,当丹麦设计师维诺·潘顿开始梦想塑料椅时,他还不到30岁。他刚从设计学院毕业,是一个雄心勃勃想要打破旧习的人,他有着大胆的想象并坚持自己的信念,拒绝妥协。战争期间,他不仅反对敌人占领丹麦,甚至弃学加入丹麦抵抗组织,当敌人在他的公寓中发现武器后,他躲藏了好几个月。战后,他搬到哥本哈根去学习建筑学。他很快进入城市有影响的设计圈中,并与其中几位名人成为朋友。

但他对充斥在中产阶级客厅里那种安静的、低调的丹麦现代样式并不感兴趣。他害怕"灰米色一致",他甚至认为这种颜色相当无趣,应该对它"征税"。他只穿蓝色衣服。他无法从木材和天然纤维中得到灵感。他想象看到太空时代的形状,过度的艳丽色彩,以及用传统木工无法达到的弯曲、扭曲形式。和他许多同时代的人一样,他被大量的新材料所吸引,钢丝、铸造夹板,最重要的是塑料,这些在战争期间大量出现的材料。他对采访者说,设计师"应该用这些材料来创造他们现在只在梦中看到的物体,我个人喜欢设计椅子,它可以用尽目前所有可能的技术"。

实际上,他已经有了一个构思:一把用塑料制造的激进的、非常不像椅子的椅子。他知道在保守的哥本哈根,他不可能找到这样一个受众,正如一位著名设计师所说:"我们除了换木材之外,不可能关注其他事物"。

20世纪50年代后期,潘顿购买了一辆大众货车,并将其装备成一个活动工作室,开始在欧洲各地进行周期旅行,并拜访设计师、生产商和经销商们。到20世纪60年代早期,他因其取材于很多非传统性材料的有趣且富有想象力的设计而闻名。他用充气式塑料家具装饰一家饭店大厅,设计出飞碟形灯和气泡背景塑料墙面;用全金属圆筒制造椅子。他也以喜欢挑逗他传统同事的坏孩子而闻名。在1959年的一个设计展会中,他坚持将展示的家具挂在天花板上。他认为这会给参观者更好的视角。但其他的展览者对这种引人注目的古怪行为不感兴趣。他回忆道:"此后很多艺术家拒绝和我谈话"。

开着他的车每次穿越欧洲时,潘顿总是带着一把他所构想激进的小型椅子,希望能遇到愿意签约生产其产品的人。但是很多年他都无法找到这样一位合作者。一位潘顿所接触的家具制造商这样嘲笑说:"那至多只是个雕塑,不是一把椅子"。

它当然与任何传统椅子都不一样。既没有扶手也没有腿,只是一个长的S形曲线塑料,很像是某人坐着的剪影。椅子是由下面的凹形所支撑。潘顿并不是发明此形的人,而是荷兰建筑师玛特斯塔姆几十年前的首创,并由马赛尔·布鲁尔使之流行起来,后者用铬合金管和木材制成悬臂。但潘顿将这种形式带入合成时代。一条蜿蜒的曲线和光亮的表面,一个扭曲的双重弧度用以贴近身体,这只有塑料能够做到。

但形状并不是促使潘顿到处推销他模型的原因。他也是被一把只用一片塑料就能够迅速大量生产的椅子所吸引。当他看到用注入式机器生产塑料桶时,他的想法就形成了。塑料粒进入一端,迅速地融化为液体并注入模具,随后成型冷却。潘顿对生产速度和水桶低廉的价格印象深刻。如果他能用同样的方法生产一把椅子,他就可以完成几代设计师所追求的目标——一把真正一体的椅子。这把椅子将是现代工业的完美体现:一个从形式、材料到生产技术的和谐一体,即设计师所说的完全设计统一性。

完全设计统一性是设计界的终极理想,它是以美学为基础,同时也代表生产某一物体最有效的方式。家具历史学家彼得·费埃耳解释说:"如果你想用一种可以负担得起的方法让好的设计进行大规模生产,单一材料形式最合理"。潘顿并非唯一迎接挑战的人。20世纪中期,欧洲和北美的设计师们都在用可以利用的新聚合物,如玻璃纤维和聚丙烯等来探索大规模生产塑料椅的方法。

然而,令潘顿失望的是,技术落后于艺术想象力。1957年,他的同事埃罗·萨里宁梦想着著名的郁金香椅。他想象从一个纤细的底座上伸展开一个弯曲的玻璃纤维花瓣。他的目标是去掉传统家具附带的难看的椅子腿。萨里宁后来写道,他希望椅子和底座塑造"成为一体"。"过去所有伟大的家具,从图坦卡蒙到托马斯·奇彭代尔的座椅都是一体的结构"。但有一个问题:玻璃纤维制成的细柱不足以支撑一个人的体重。因此萨里宁不得不用金属做基座并套上白色的塑料。椅子有萨里宁想要的外观,但他仍然很失望。他告诉同事说他会继续盼望着那一天的到来,即"塑料工业进步到椅子能如他所设计由单一材料制成"。

如果制作全塑料椅子有障碍,设计师和制造商,特别是在欧洲,正在将先锋概念应用于不那么具有挑战性的日常用品上,他们利用的是聚合物工程和塑料制作的先进优势。

最精于此道的是意大利的卡泰尔公司,即第一个塑料水桶的制造商,可以说是迄今为止最重要的塑料应用(当你想想多少代人在寻找一种可靠的方式来盛装水,你就会明白为什么水桶是传统社会人类所使用的第一批塑料制品了)。这个公司是由化学工程师朱利奥·卡斯泰利和他的妻子建筑师安娜在1949年建立的。他们懂得改进塑料技术的必要性。他们继续寻找新的方法来调整聚合物的性质并与机械师和铸工密切合作来改善塑造过程。

他们最开始制作的是汽车零件,但很快就将重心转移到更具艺术性的努力上。卡斯泰利夫妇很早就认识到塑料材料与天然材料不同,"要得到身份……只能通过映射自身来实现"。成功依靠设计,因此即使是最平凡的物品,他们也会招募一流的设计师来设计。在卡泰尔公司,苍蝇拍、果汁机、烟灰缸、台灯和储物柜都变得优雅美丽。基诺·科萨比尼所设计的立式畚箕有合理的几何形状而且很优美,它最终成为很多设计博物馆的藏品。

卡斯泰利的天才在于他将塑料按其自身价值物尽其用。与许多美国制造商不同,他们并没有把塑料当作天然材料的替代品。他们不会在上面画出木纹条,点上皮革式样的卵石花纹,或者涂上亮光使其发出金光。他们使塑料成为塑料。从米兰工厂出产的产品发出明亮的原色,有光滑的表面,清晰的几何形状,波浪般的曲线。这种人造品样式大方,正如米克尔所写,"精炼厂的气味似乎停留"在每件物品上。并非每个人都欣赏这种外观,但它无疑是一种完全基于材料的光滑本质而形成的风格。卡泰尔的设计使人们相信塑料与传统材料一样都有着高贵的本质。

但即使是卡泰尔要制成一把一体的椅子也有困难。如果工厂要生产一把全尺寸椅子,铸模必须很大,装模具与压制成型的机器就更大了。一些设计师几乎做到了,但总是被椅子弯曲的四条腿造成的问题所困扰。马可·扎纳索和李察·萨珀为卡泰尔设计了一把由聚乙烯制作的儿童椅。公司能将椅背和座位浇铸成一体,但椅子腿却不得不另外制作和安装。乔·科伦坡在1967年为公司设计成人椅时遇到了同样的困难。

潘顿的无腿椅在生产上却面临相对较少的挑战。这是很适合塑料的设计,或者至少对于当时的塑料工艺很合适。

他的椅子确切的历史记录不详,潘顿本人对于这把椅子最终是如何制成的也给出了矛盾的说法。众所周知的是在20世纪60年代后期,他最终找到了一位愿意生产这种S形座椅的伙伴,一家签约制造赫尔曼·米勒家具的公司。这家公司的老板对潘顿的设计并不着迷,但他的儿子,罗尔夫·费赫尔鲍姆却对此疯狂。费赫尔鲍姆告诉他父亲,"它很有趣,它是全新的,它很令人激动",并敦促父亲接手。

这把椅子要比潘顿和他的新伙伴们所想的还要有挑战性。几年来,他们用各种材料和工艺做实验,与盼望着参与这个有突破性项目的塑料制造者们密切合作。1968年,他们找到了适合此项目的完美塑料:一种由拜耳公司生产,名为贝盾的新的、光滑坚硬的聚氨酯泡沫。当年底,公司开始生产这种载入设计史的椅子。

光滑、性感，用先进技术制造的潘顿椅，立即取得成功，至少在设计界是如此。让潘顿感到失望的是，这把椅子从未取得巨大的商业成功；它对于一般的中产阶级消费者来说还是有点怪，因为他们的客厅是美国风格的装饰。然而，它很快作为时代标志性的椅子赢得了地位，这是20世纪60年代的生机勃勃和对实验开放性的体现。对马蒂亚斯·雷梅尔（他负责潘顿作品在博物馆的展览）来说，这把椅子获得了一些更深刻的东西："它体现了时代的热情，在这样的时代中，社会对进步和技术战胜一切的信念仍然不可动摇"。在这一时期，塑料确实很酷。这把椅子美化了设计杂志的封面，并用于广告中，它可以以其性感帮助像洗碗机这种不性感的产品。一本杂志用一个模特挑逗性地站在一把光滑的红色潘顿椅边作为照片，题为"如何在你丈夫面前脱下衣服"。

潘顿椅出现之后，设计师们又想出更奇妙的概念：充气式客厅组合。椅子形状像巨大的白齿、超大的香蕉、嘴唇、海胆，甚至是一大块草皮。1970年的某一天，我母亲带回家一把蘑菇形状的闪亮的棕色乙烯长软椅。此时，潘顿椅已经流行过，并不再流行了。现在，它又开始流行起来了，这是由于以20世纪中期为主的家具零售商"摸得到的设计"使之重现活力，它用更低廉的塑料——聚丙烯来大量生产这种椅子。

不论这把椅子作为流行艺术标志的地位如何，最重要的一点是它被创造出来这样一个简单的事实。正如家具历史学家彼得·费埃耳所强调，当第一把椅子从大规模机械化的子宫中诞生时，它完全成型并未经人手触碰过，这是"人类文明以来家具史上最重大的时刻。"（但你写出一本名为1 000张椅子的书时，你绝对会做出这样一个判断）。潘顿和他的伙伴们解决了椅子形式、材料和制造上的困难问题。或者像费埃耳所说，"他们发现了圣杯"。

塑料所带来的其本身的诱惑使得圣杯转化为塑料杯，这只是个时间问题。就技术而言，从高端的潘顿椅到你在当地五金店就能买到的低端的塑料椅，这两点间或多或少只是一条直线而已。

朴素、轻质，通常是白色或绿色的整体椅（如此称呼是因为它是由单一一块塑料制成）可能是家具中最成功的一件发明。大量的椅子每年春天都出现。基本样式的椅子花费大约6罐百威啤酒的价钱。

有数千万张椅子充斥着世界各地的门廊、水池边和公园。它们也许不会出现在跨栏的设计杂志上，但正如学习整体物体的学生所注意到的，认真观察，你一定能在新闻故事和照片中找到它们。

白色塑料椅在卡特里娜飓风和印度洋海啸里都漂浮在破碎的瓦砾中。照片显示它们出现在古巴的集会中、尼日利亚的骚乱中，它们也出现在以色列的咖啡厅和其周围国家约旦、叙利亚和黎巴嫩的咖啡厅中。

这种椅子赢得了世界人民的心和臀部,因为它们便宜、质轻、可洗涤、可叠放、免维护。它们能够抵御任何气候条件。如果你不想清理去年款椅子上的污物,它也很容易被替换,且相当的舒适。

整体椅虽然源于潘顿椅,其确切的血统并不肯定。与你谈话的对象不同,此种椅子最先出现在20世纪70年代末和80年代初的法国、加拿大或者澳大利亚。尽管第一把整体椅的起源不算很清晰,却不难想象这种整体椅是如何形成的。在远离设计领域的某个地方,可能是在欧洲,某位实用主义的商人意识到有可能大规模生产塑料椅。他(这一领域女性并不多)将应用潘顿发明的注入式模具生产的过程。但是他没有采用潘顿曾用过的昂贵的高技术聚合物,而是使用一种低价格的日用塑料(像聚丙烯)。此时,聚合物的专利已经到期,而且用低廉的价钱就可以买到塑料原材料。他并不采用像潘顿椅那样前卫的设计,而会恢复到传统的四腿型,潘顿的突破性工作完成后,卡泰尔这样的制造商已经很精于此道。此时,他不是一次生产几千把椅子,而是生产几十万甚至几百万把,这使他能够回收大量的启动资金。尽管整体椅很便宜,但生产它们的设备并不便宜。一台注入式模具可能花费100万美元,而一台新的模具要花费25万美元甚至更多。

实际上,这一策略多少也被法国公司阿里伯特在1978年采用了,当时,它引入桑格利亚——这是由法国顶级家具设计师彼埃尔·保所设计的一款单片塑料花园椅。这款椅子很畅销,它比今天的整体椅更优雅和稳重,而且它的售价也更高。但至少从表面上看,它很快成为席卷世界市场的那些较轻的、设计不够细致的塑料椅的典范。

加拿大商人史蒂芬·格林伯格在20世纪80年代初期的一次贸易展览中看到塑料椅后,就成为北美第一位进入整体椅行业的人。他很清楚这种椅子比起他所销售的金属花园家具有更多优势。塑料椅不会生锈,它们很容易堆砌,其设计功能性强。他开始从法国进口整体椅。他说,在那时,此行业中只有几家公司,而且大多在欧洲。但是特别是在便宜的二手椅子模具可以买到之后,这一切开始有了改变。以前进入繁荣的整体椅领域需要花费几十万美元,现在只需大约5万美元就可以了。突然之间,好像每个拥有注入式模具的人都开始生产椅子了。世界各地开始出现很多区域性制造商,包括阿根廷、印度尼西亚、墨西哥、泰国、以色列、新西兰。格林伯格放弃进口整体椅,转而自己生产。"我们最多时一年可以卖出500万把椅子。我们只是很多厂商中的一员。我们了解在意大利有公司可以在一天内生产5万把椅子"。他对我这样说道。

这一领域因为这样高的产量而变得竞争激烈。生产商不停降价，导致几乎连微薄的利润也没有。最早的整体椅每把售价50～60美元，到20世纪90年代中期，只需十分之一的价钱就能买到。格林伯格回忆说："最终很多人把自己踢出了市场"。这是"一种自杀"。同样的故事也在美国上演，激烈的竞争最终使制造商的数目由20世纪80年代中期的十几家降到现今只有3家还在生产整体椅。

你如果走进当地的家具店去买塑料椅，很可能买到的是位于宾夕法尼亚州工厂的法国老牌塑料家具公司格莱斯菲尔科斯生产的产品，也可能是一家大型以色列塑料集团设在美国的子公司生产的，或是由亚当制造厂生产，这是一家位于宾夕法尼亚州波特斯维尔的一家私营公司，在匹兹堡北部的一个小镇。亚当制造厂的创始人比尔·亚当可以说只是塑料椅行业的后来者，在20世纪90年代才开始投身其中。由于塑料椅激烈的市场竞争，其家人认为他的决定财务风险很大，以至他的妻子最终与他离婚，他的儿子离开公司数年，但亚当没有后悔。就他而言，除了制造塑料椅，他做不出更有益于世界的东西来了。

正如你所预计的，大多数塑料制品生产商对自家的产品都很有信心。但当我去拜访他时，我才发现对于聚合物极其单纯的热爱，没有人能和亚当相比。他重复着这样一句话，"塑料比任何其他东西都好！你可以用它做很多东西。它非常有效，而且清洁"。他对于塑料深深的热爱使人联想到20世纪中期人们对于塑料那种纯粹的热情。没有什么不好的评论能够动摇他"塑料是好东西"的判断。当我提到越来越多的公众担心塑料袋造成的垃圾时，他怀疑地问道："你到我这里来的路上看到垃圾袋了吗？"他说，这么多年来他在马里兰海滩度假时，从没有看到海滩上的塑料垃圾，因此他并不相信塑料碎片会给海洋造成问题。像塑料一样，他对聚合物的信念也不容易被破坏。

亚当个子高大，头发稀疏，有演员伯特·拉尔（饰演《绿野仙踪》里的狮子）那种低垂眼睑，像伯父一样的外表。在他60多岁我采访他时，亚当精确地记起他爱上塑料的时刻：他当时只有12岁，有人给了他一个那种弯曲才能打开的小零钱包，是由乙烯基制作。他说："那是我见过的最迷人的东西。它也绝对漂亮"。

但是，从初期的迷恋到真正地专心致志也是一条漫长曲折的道路。在20世纪70年代后期，亚当是一位儿童图书管理员，但他总想着做些别的事。他是一位天生的实业家和发明家，他想出一个小发明能够解决高涨的暖气账单问题：他用图钉把泡状塑料包装订到吸盘上，这可用于密封窗户并防止热气流失。亚当用退休金和少量遗产开始试验销售这个小发明。他几乎没有获得成功，直到有一天路过一家加油站，看到店家用胶带在窗户上悬挂了很多标志。他想，要花很大的力气才能把胶带刮掉，要是他们能用我的吸盘……他走进加油站，刚开始他的推销，经理就打断了他并要了两盒他的产品。第二天，他去了更多的加油站，回家的时候，钱包里装满了美元。很快，他就把他的吸盘-图钉组推销到整个美国东海岸地区的五金店中。他回忆说："每次当人们要挂些东西时，他们就将其用到一切物体上"。他出名的新点子还在继续，"我意识到世界上没有人把吸盘真正当回事。所以我把它们当成事业"。他购买了新设备，学会了如何更快、更好地制作吸盘，并开始拓展新的吸盘机会，如悬挂圣诞花环和灯的系统。不久以后，他就申请了超过150项与吸盘有关的专利，成为美国的吸盘大王。

几年之后，亚当开始担心他的吸盘生意可能季节性太强，他想使产品多样化，以使他的工厂全年忙碌。他听说某人破产，正在出售制作折叠式塑料桌的模具。亚当决定买下它们。后来，他的生意拓展到生产折叠椅凳。他与沃尔玛、凯玛和很多五金店都签订了主要的销售合同。很快，他的头上就带了一顶新的王冠：全球最大的塑料折叠家具制造商。接着他意识到他可以去占领更大的王国，即整体塑料椅。

亚当讲起自己的故事，听起来就好像他是无意中遇到了一次又一次的好机遇。然而，就塑料椅无情的经济状况来看，很显然他是个非常聪明的生意人。因为只用了几年，亚当就成为全国顶级整体椅制造商之一，为美国东部大部分的商店和五金连锁店提供商品。我在2008年遇到他时，他才进入此行业4年，每年就已经生产接近300万把椅子。

跟亚当一起参观他的工厂和巨大的仓库后，我能看出他对自己产品的骄傲可不只是一场朝九晚五的表演。他真正把塑料椅看作一件美丽的物品，用品中的奇迹。实际上，他把自己的厨房和餐厅都用自己生产的塑料桌椅装饰起来了。他选用的是灰绿色的传教士式样，笔直的椅背体现出了传教士风格的家具。"我就是喜欢塑料家具，"他诚恳地说，"它很优雅。如果你从最开始回顾家具的历史，没有哪样家具能像塑料家具一样将化学、物理学、机械、设计和风格结合在一起"。

亚当并非唯一一位推崇整体椅的人。2001年，一位德国的管理顾问和设计迷斯希尔为这种椅子开设了一个网站，现在每月注册的人数多达3万人（它还与一些照片共享的网站相连，爱好者可以从全世界各地粘贴整体椅的照片）。斯希尔对整体椅感兴趣，这是因为他注意到在高端的艺术展中，人们也坐在整体椅上，他对这种不协调感到吃惊。斯希尔并不想从美学上来为整体椅辩护，但他却欣赏其简单的功能性："我喜欢它们,我觉得它们很实用。在我的餐厅中有6把整体椅"。

尽管在美国和欧洲这个产业大多集中在大公司的手中,但在世界的其他地方整体椅却是地方企业生产的。在全世界估计有100家制造商生产出至少500种基于基本型而来的变形的整体椅。我所说的变形意义宽泛。颜色各有不同,亚洲、拉丁美洲国家喜欢明亮、生动的多彩椅,在表面的装饰上也有不同。虽然塑料有极大的变化可能性,但世界各地的制造商很少极大偏离基本款。我不知为什么会如此。

"最终是价格的问题",这是乔治·勒米厄给出的简要解释,他是印第安纳州的一位顾问,在塑料工业领域,特别是在塑料家具界工作超过25年。整体椅的设计很大程度上是以顾客的需求所驱使,并经一系列价格计算得出的结果:如何用最少的材料取得"最安全稳定的几何构造"。椅背上要有几条横杆来保证有人靠在上面时椅子不会弯曲。椅子腿要能精确按角度张开,以防止椅子腿向外倒塌或向内折叠。弯角要有曲线,这样可以增加强度。椅子至少要有7.62厘米厚,因为那是支撑一个102千克重的人所需的最小厚度,也是塑料椅载重的工业标准。长话短说,塑料椅就是为了以最低的价钱提供最安全稳定的座位所设计的,不为别的。

由于整体椅的经济利润很低,因此除了进行表面的图案修改之外,设计上进行其他改变很困难。例如,亚当为凯玛定制的一款椅子,椅背上有浮雕的玫瑰。它极其丑陋,甚至比基本款看起来还廉价,可能是由于玫瑰花确实与椅子的整体设计无关。

很多年前,当勒米厄在美国休闲公司的椅子制造厂工作时,雇用了一位设计师更新公司椅子的外观。其革新看起来很小,但人们对它的接受程度却很好。例如,他们设计了一款西南部风格的椅子。"它确实有些独特的设计,"勒米厄回忆说,"小星星、半月形和椅背上类似的不同的东西给这把椅子一种西南部风格的外表。并且我们还在塑料上加了一些小点,它们就会像砂岩一样闪光。那看上去很好看"。

但这款椅子很快在塑料家具激烈的市场竞争中败下阵来。这款椅子售价9.99美元,据勒米厄所说,这要比消费者买一把塑料椅愿意花的价钱高两美元。公司很快撤回了这款椅子。

当然,当潘顿和萨里宁以及其他塑料设计的先驱们开始设计生产大量的塑料椅时,他们所想的并非塑料品的廉价,而是要为普通人设计的王冠。但当这种高级目标不复存在时,廉价就不可避免了。除了设计理念(不只是美感,还包括目的性），就只剩下大规模生产的能力。结果椅子只是一件简单的日用品。有用、买得起，但与交通标志锥一样没有灵魂。

确实，塑料椅能变成生产商想要的任何形式。但当要满足在现代市场中得以生存这一要求时，它最需要的是廉价。生产商提供廉价的椅子，顾客就期待廉价的塑料椅，因此生产商就提供廉价的塑料椅。这是一种模式，有人会说是一个坏循环，这使得塑料设计革命看起来更像商业暴动。今天便宜的、可丢弃的产品如洪水一般，这使得早期乌托邦式的希望塑料能够满足我们全部愿望和需求的想法很可笑。不是感觉满足，我们经常为这种空洞的丰富感到窒息。

今天，整体椅被认为是无可救药的俗气，是大路货的象征。我的一位有设计理念的朋友正打算开个晚会，她做了一个梦，梦见自己的丈夫把他们的房子里都装满了白色的整体椅。她醒来时惊出了一身冷汗。华盛顿邮报的撰稿人汉克·斯图尔福总结了很多人对整体椅的蔑视，他这样写道："树脂堆砌的椅子就是残余的油制成的塔珀家用塑料容器"。

我问了不同的设计专家为什么整体椅会受到人们如此广泛的辱骂，他们的回答全是哲学的论调。潘顿椅的制造商罗尔夫·费赫尔鲍姆，现在是维特拉设计公司的总裁，说道："就好像人们能够感觉到产品中的廉价想法"。这意味着，"道德的最低标准：如何生产一把尽可能便宜的椅子，它可以用几年，然后就被扔掉"。他接着说，"在瑞士巴塞尔市，那里的法律规定在户外的咖啡厅不能使用这种椅子，原因是它们是对公众的冒犯"。

现代艺术博物馆的馆长说，整体椅的问题并非是它丑陋或者出自无名者之手抑或是价格极低。"而是与伦理有关。它用的是差一些的材料。制作目的不是保持长久。它是用于浪费的物品"。她在事业初期曾与卡泰尔公司的创始人朱利奥·卡斯泰利一同工作。没人会比他更拥护塑料家具了。她大笑着回顾起多年以来"他收集了很多非常丑陋的塑料椅。对他来说，它们非常有趣，因为它们展示了一种材料是如何引出人们中最好与最差一面的可能性"。

尽管有很多塑料制成的家具不好，许多设计师仍怀有与20世纪中期的前辈们相同的信念，即它们有无限的可能制成好的东西。至今，设计界一直在闹哄哄地谈论美拖，这是由康斯坦丁·葛契奇设计的一款塑料椅，在2007年面世，它并未出现在设计或家具展中，而是出现在塑料工业最大的贸易展，杜塞道夫三年一届的K展中。这与塑料椅根源一致：化学制造商巴斯夫曾经要求葛契奇为其超强的聚合物Ultradur做设计。葛契奇又回到潘顿椅上寻找灵感，他与巴斯夫的工程师们共同工作，创造了自潘顿椅这个设计标志亮相以来的第一把塑料悬臂椅。葛契奇用新潮、柔软、有弹性的Z字形塑料椅来标榜这种悬臂式椅，椅子和椅背上打满小孔。葛契奇希望这会使人联想到兽皮。这款椅子非常柔软,以致它使潘顿椅看起来很笨拙。由于巴斯夫的新聚合物以及处理技术上的进步,现代艺术博物馆公司的安东尼里说,椅子做出了"以前不可能的优雅"。

美拖的照片已被贴到全世界的设计博客上。《纽约时报》称之为2007年度最佳创意之一,现代艺术博物馆将其收为永久藏品,芝加哥艺术学院的葛契奇展览也被着重展示。《时代周刊》的设计评论家爱丽丝·罗斯索恩夸奖美拖,说它有"很酷的角形状"以及使用"尽可能少的材料"。在这个例子中,一次性注塑现在已成为生态责任的标志。换句话说,尽管美拖是一把整体椅,它却包含着道德和目的性,这使其地位远高于每把6.49美元的花园椅。葛契奇只是众多对塑料无限可能性着迷的现代设计师之一。卡泰尔公司继续成为这些设计作品的主要出口。在一个阳光明媚的春日下午,我去参观旧金山的卡泰尔商店,这只是公司设在全世界各个城市的上百家零售店之一。

展示间给人感觉像是艺术长廊和宜家家居的结合:纯白色墙壁、凹式照明,目录中的每件物品都有展示。器具以颜色分组:有亮红色的一组,时髦的椅子、小凳、桌面有花边穿孔的桌子;旁边是橙色的一组;下一组全是黄色;隔壁是一组绿色的椅子、桌子、台灯和花瓶状底座共同陈列在有灯光的展台上;在旁边的展台上,展品相同,颜色是凉爽的蓝色。阳光从落地玻璃窗中透射过来,使所有的塑料表面极其闪亮。就好像置身钻石当中,或者说是立方氧化锆之中。对于一个习惯了柔软装饰和木质土地颜色布置的人来说,我觉得这闪亮和坦率的原色有点令人不安。然而,我提醒自己,我柔软的、多垫的世界里塑料一点也不少。像许多现代家具一样,我精装饰的沙发和椅子里有聚氨酯坐垫,外面有部分是聚酯,并用像特氟龙的防污涂层喷制,我的许多"木"桌和书架实际上是由仿木纹板和环氧基贴在包含部分塑料的压制木芯上。

展厅中许多家具是由传奇的菲利普·史塔克创造,他是公司在20世纪80年代为提升自身形象而招募的多位卓越设计师之一。史塔克对于塑料的感受与早期设计师相同:他热爱塑料因其无限的潜力,还因为它与天然材料不同,是"人类智慧的结晶,因此它适合我们人类的文明"。他还认为用塑料比用木材更环保。

史塔克最著名的设计之一是被称为路易斯幻影的一把漂亮的椅子。它是由硬质透明聚碳酸酯制成,椅子有椭圆形靠背、漂亮的下弯扶手和弯状腿,这一切都来自古典且非特定的法国历史阶段。史塔克解释说,他特意使这种传承模糊一些:"我选择这个形象来标志路易斯(我不知是哪一个)的灵魂"。好玩却优雅,结实却缥缈,路易斯幻影出现在全世界的广告和时尚杂志中。造型师将它摆在非常现代的房间以及装满古董的房间中。它在这两种布置当中都很合适。

自从2002年推出这款椅子以来，它已成为卡泰尔公司最畅销的产品之一，共卖出了数十万把。尽管它售价每把400美元，这对于一把传统的扶手椅来说并不贵，但在非名门出身的整体椅的食物链中它却处在顶端。路易斯幻影不仅躲过了使潘顿椅无法在商业上取得成功的前卫陷阱，而且也躲过了整体椅使人感觉便宜的污名。我怀疑路易斯幻影的成功归因于它击中了酷和舒适之间的甜蜜点。20世纪工业设计名人雷蒙·罗伊称之为MAYA（most advanced yet acceptable）原则：最先进却最可接受。路易斯幻影充分利用塑料所提供的艺术性，而又不根本改变我们对椅子的期待。这把椅子的成功在于史塔克接受了塑料本身，深入其闪亮的浅层去寻找真正的人造之美。

我怀着好奇心去了解整体椅与路易斯幻影的差别，所以那天下午我带着一把我在家得宝购买的椅子，这款椅子不知为何被称为西洋双陆棋。令我宽慰的是，当我拖着它进入商店时，商店的经理并未有特别的感觉。当我解释说想对比两把椅子时，他圆滑地低声说："当然可以"，就好像这是个平常的要求。

我轮流坐在两把椅子上。我无法说路易斯幻影比我从家得宝购买的椅子舒服很多。它比西洋双陆棋空间大，也提供更多的背部支撑。但它也很光滑，很难舒服地坐上去。我坐在西洋双陆棋上时，它微微陷了进去。实际上，两者都不是我想花很多时间坐在上面的椅子。尽管我确定路易斯幻影会比我的西洋双陆棋更能经受时间的考验。我在参观卡泰尔后不久，我儿子靠在西洋双陆棋用力过猛，结果导致椅背的横杆破裂。

英国建筑师彼得·史密斯森写道："可以这么说，当我们设计一把椅子时，我们就制作了缩微的社会和城市"。我仔细地看路易斯幻影和我的西洋双陆棋，试图想象它们所代表的社会。一把椅子代表使人眼花缭乱的可能性的世界，另一把则是廉价应用的王国。

看着放在一起的两把椅子，我看到了塑料这位人类伙伴：他是一位双面伙伴，既能激发我们最深刻的羡慕，也能引发我们最强烈的反感。

另外一天，当一位男士和一位女士手牵手走来时，我正在店外。他们停下来向橱窗里看了好一会儿。

"看，"男士用一种非常疑惑的口气说，"是塑料家具"。

"是的，"他的伙伴回答说，"但是设计得相当美啊"。

三

飞越塑料村

　　当我的长子出生时，一位自己没有孩子的朋友善意地送给他一个漂亮的樱桃木拨浪鼓。它摸起来很光滑，放到嘴里也安全，摇晃时发出可爱的叮铃声。但我儿子却不喜欢玩它。他想要色彩艳丽的塑料钥匙扣，后来喜欢能发出吱吱响的乙烯洗澡书，再后来他想要有着大蓝色轮子，在地板上拖时能发出咔啦声的亮橘色汽车。塑料是今天玩具的宠儿，和其他有小孩的家庭一样，我们很快就把房子装满了各式玩具。我们总会绊在遥控汽车上，从沙发垫缝隙中拉出塑料士兵，当我们半夜光脚踩在乐高玩具块的尖角上时开始咒骂。我的两个儿子收集了一军火库的塑料枪和绝地剑。我女儿收集了无数的塑料儿童娃娃。玩具太多以至于我们想要打破性别陈规的努力都是徒劳。开生日宴会时，我会在礼品袋中装上从东方贸易公司目录中购买的东西，他家专售便宜的塑料小物件：哨子、弹跳球、水枪、荧光棒。礼品袋分发出去几分钟后，这些东西无一例外地都会损坏或消失。几年之后我才开始思考：这些东西是从哪里来的呢？

　　我对此问题答案的探索开始于一个沉闷的冬日，我去参观Wham-O公司的总部，这是一家专门生产有弹性、有浮力的塑料制品公司。Wham-O公司推出了我们这个时代最具代表性的玩具，从呼啦圈到滑水道再到它销量最好的产品——飞盘。自从1957年推出了飞盘，该公司已售出超过1亿个。每个美国家庭一定至少有1个飞盘。我家里不知怎么会有5个，尽管我们几乎不玩它们。

　　这个简单却常见的玩具为观察塑料工业提供了一个理想的

窗口，能够使我们通过观察工厂和生产过程更加了解聚合物，从而满足我们消费者的愿望。塑料工业是仅次于汽车和钢铁之外的美国第三大制造工业，大约有100万美国人直接从事此行业。它是一个不断蔓延的工业，几乎进入经济的各个部分，包括几十家生产塑料聚合物原料的石化公司，几千家设备制造商和模具制造商，还有几千家将塑料原料制成部件和成品，如玩具的加工厂。

Wham-O公司从南加利福尼亚州起步，公司总部现在位于加利福尼亚州爱茉莉威尔镇一个朴素的一层砖制建筑中，该镇是在伯克利和奥克兰之间的一个狭长的小镇。在接待区，我看到了3张名人玩飞盘的大幅黑白照片：有咧嘴笑的弗莱德·麦克么瑞（在经典电视剧《我的三个儿子》中饰演经典的父亲）、《正义先锋》中的主角们，以及担任州长前的阿诺德·施瓦辛格，他穿着紧身短裤、贴身T恤，手指上转着一个飞盘。这些著名人物的照片告诉我们，从飞盘第一次出现到现在半个世纪以来，飞盘对于Wham-O公司有多么重要。

"它真是我们的面包和奶酪"。大卫·维斯布鲁姆解释说。他负责飞盘品牌的全部工作，从生产到销售。这是维斯布鲁姆梦想的职业，他曾经是一位股票经纪人，也自称是一位飞盘迷，自从他从中学毕业后就热衷于飞盘高尔夫。他解释说，飞盘是这种玩具的普通说法。飞斯比是它的品牌，它只能用于Wham-O公司生产的飞盘。当我遇到他时，维斯布鲁姆刚40岁出头，但他看起来更年轻，部分原因是他穿着青少年的服装：宽大的牛仔裤、运动鞋、带帽衫。他身体结实，有着蓬松的棕色头发，留着山羊胡子，说话奇快，他使我联想到演员杰克·布莱克。

公司制造大约30种飞斯比（飞盘），其中许多在会议室的墙上展示。这是飞盘技术的陈列橱。Wham-O公司找到了很多优化飞盘的方法：有些能在黑暗中发光；有些有边缘能够使狗容易叼住；有些很重能够穿越强风。一些飞斯比是专门为专业飞盘运动设计：终极飞盘（类似足球的一种团体赛）；飞盘高尔夫（与通常的高尔夫类似，只是选手目标是篮筐，不是球洞）；花式飞盘（旋转飞盘及其他迪斯科杂技）；飞盘狗（意思与字面一样）。每种都要求飞盘在尺寸、重量和剖面上有细微的差别。

当然，也有基本的休闲飞盘，用于普通的投接游戏，它们占到全部飞斯比销量的一半。维斯布鲁姆不会说出公司每年售出多少飞斯比，但他声称会比全部棒球，橄榄球和足球销量的总和还要多。我很惊讶也很怀疑，但对维斯布鲁姆来说这很正常。他宣称："球类运动很无聊"。他接着引用另一位热衷者的话："当球有梦想时，它梦想自己是一个飞盘"。

在飞斯比的宗谱中，所有的飞盘都源自于维斯布鲁姆尊称为"我们的发明家"华特·弗里德里克·莫里森所发明的原始飞盘。1937年，当他还是南加利福尼亚州的一名中学生时，莫里森去和他女朋友路西里的家人共进感恩节晚宴，他被介绍参与一个家庭游戏，投掷一个大的金属爆米花锅盖。他认为这比扔球有趣的多。第二年夏天，当他和路西里正在海滩上来回投掷蛋糕盘时，一位日光浴者走近他们并询问他是否可以买一个。于是他们开始在南加利福尼亚州海滩上兜售蛋糕盘，同时莫里森开始思考如何做出更有流线型，销售更好的飞盘。

这个生意酝酿了很长时间。作为战斗机飞行员在第二次世界大战服役之后，莫里森返回到南加利福尼亚州，仍然为他所称的"投掷飞盘的想法"着迷。他在美国空军中的工作使他学会了如何使物体飞起来，他投掷蛋糕盘的经历使他确信他需要更柔软而且不能像锡那样容易凹陷的材料。看到新的人造材料在战争中的表现，他暗自思索，塑料可能就是所需要的门票。他花了好几年的时间尝试不同的设计和最新推出的热塑性塑料，还在县城的各个集市上推销各种新的成品。他和路西里来回投掷飞盘，使周围的旁观者对这些新玩意的漂浮、下沉、跳跃和滑翔，这些球类很少能达到的动作非常着迷。他们两和人们开玩笑，声称飞盘是受看不见的线牵引。线需要花钱买，但任何人买线之后就可以得到一个免费的飞盘。

1955年，莫里森又开始了另一项设计。这次他加厚并加深了飞盘的边缘以增加离心力，他又添加了一些细节使它看上去更像飞盘，这与大众对于不明飞行物的逐渐着迷相吻合。他在顶端加了一个小圆顶，小绿人可以坐在上面，还以不同行星的名字命名飞盘。他和路西里此时已经结婚，他们将此飞盘命名为"冥王星浅盘"。这是他们最好的飞盘。飞盘由塑料袋包装出售，上面写满太空主题，包括模棱两可的指示：如果塑料袋与头大小合适，可用作太空安全帽。一天，当莫里森在洛杉矶商业区的停车场展示他的冥王星浅盘时，一个人从人群中走出来，并告诉他一家当地公司的管理部门正打算销售飞盘。他说："你很值得去和Wham-O的那些人谈一谈"。

那些人指的是里奇·聂耳和亚瑟"土豆"梅林，他们是中学同学，于1948年结成团队，开始通过邮购销售弹弓和运动用品。Wham-O的早期目录包括这样一些物品，如即使不动一根手指，也可以把某人的眼睛弄瞎。有马来西亚吹箭筒，还有"暴怒的钢铁狩猎飞镖"；能黏住物体的平衡飞刀；"真正能发射豌豆、豆子、木薯"等的手枪。正如聂耳后来回忆，"你不可能随处买到那些物品"。这些物品销量很好，到20世纪50年代时，这个组合却看到玩具生意的前景更好。

现代玩具业可以说是第二次世界大战后期两个大发展的结果：婴儿潮和聚合物大发展。尽管从赛璐珞的初期开始就有塑料玩具，如丘比特仙童，但是这两大潮流汇合后,塑料和玩具才真正结合。为了战争大量增产后,很多主要的制造商此时能够尽情地提供大量新的热塑材料,这些材料真正填补了英国化学家对世界乌托邦式的梦想,"这里孩子们的小手不会弄破任何东西,没有尖角和边缘会割伤或擦伤孩子,没有藏污纳垢的缝隙"。由于战后出生率大增,有数以百万计的孩子等待着玩耍。在婴儿潮最高峰的那些年里,每年玩具销售额大幅增加,从1940年的840万美元增加到1960年的12.5亿美元。塑料玩具的产量在不断增加。到1947年时,已有40%的玩具是由塑料制成。今天,玩具很正常会由塑料制造,它们"就像空气"一样,一位制造商这样告诉我。

这些便宜、质轻又灵活的材料极大拓展了玩耍的可能性,同时也提高了利润。似有血肉的乙烯树脂使生产的娃娃"摸起来和看上去都很逼真"。也有些不真实,如在1957年首次亮相的,身体极富曲线,令人难以置信的芭比娃娃。塑料模型汽车、火车和飞机会比木制和金属制造的更富细节,而且每件只售几美元。还有一些以前人们从未见过的东西,如橡皮泥,这是一位科学家所发明,他在第二次世界大战初期试图制造一种人造橡胶。军方不知用它来做什么,但一家实业玩具店主却对此有了主意。还有在1965年出现的超级球(查尔斯·埃姆斯认为这是当年最优质的设计之一)。我记得当时我和朋友们对于那个压缩的黑色小球是如何的感到吃惊(它蕴含的能量非常大,其早期的圆球跳出时,会打破压膜机)。我们会把球扔过另一个人,扔过体操架,扔过房顶,直到愤怒的老师们把它没收。

大的塑料制造商积极推动塑料进入玩具领域。为了促进本品牌的聚苯乙烯,Dow化学公司邀请制造商为用该材料制造的玩具申请公司批准印章。那些通过批准的商品允许悬挂史泰龙的标签,产品表面印有"五倍强硬!"在开始所申请的1 900件商品中,公司拒绝了大概半数。但是到1949年底时,该公司仍然发出了超过1 000万个标签。各大公司也直截了当地来吸引消费者:"这是来自真正的圣诞老人,"喜气洋洋的圣·尼克在《星期六晚报》广告中这样宣布,"孟山都的塑料玩具给圣诞节带来了欢笑"。

塑料的低成本不可避免的导致其销量上升。例如,在20世纪50年代初期,8家不同的化学公司快速建立了生产聚乙烯的工厂,他们普遍认为聚乙烯是发展前景最好的新型塑料,这使得其价格猛降。低成本也促进了很多新的应用,这进一步吸引了塑料供应商,从而刺激了产量的增长。突然一下子出现了许多廉价的玩具,像一角店中的牛仔和印第安人组,或者连在一起的串珠(这种串珠曾一度每月消耗约18吨的聚乙烯)。这样的起伏循环一直驱动着塑料工业,尽管经历了剧烈地起伏,几十年来它一直在增长,某些年里,一些塑料甚至以两位数的速度在增长。

当飞利浦石油公司试图使其新的半硬式聚乙烯产品更加完美时,这种来来回回的供求关系可以说是最戏剧性的例子。生产过程很复杂,飞利浦公司不停地遇到问题,不断地生产出不能用的废料。仓库里堆着成吨不符合标准的、无法销售的塑料,这种情况几乎造成了大灾难,直到1958年Wham-O公司前来拯救为止。它开始购买库存品用于生产一种新开发的玩具——呼啦圈。当歌手狄娜·肖尔在电视上展示这种旋转圆圈后,呼啦圈开始销量大增,Wham-O公司甚至来不及接订单。第一年就售出了1 000万个呼啦圈,很快用掉了飞利浦公司的6 803.89吨材料,直到飞利浦公司无法提供更多的材料。然后,就像许多热潮一样,呼啦圈的热度像来时一样迅速消亡,这几乎拖垮了Wham-O公司。一夜之间,呼啦圈的订单降为零。瑞奇·聂耳后来回忆道:"我们几乎破产"。

然而,飞盘的热度却是持久的。这可能是与Wham-O公司取得莫里森的飞盘授权之后所做的几件事情有关。首先,梅林和聂耳为莫里森的宝贝重新命名,这个商标使他们的飞盘与其他天空中的飞碟、天派和超级飞碟不同。飞斯比与新英格兰一种相似东西的名称差不多。自从20世纪30年代以来,那里的人喜欢抛掷一种飞斯比派公司用于生产蛋糕和派的锡盘,并把这项运动称为投掷飞斯比。

Wham-O公司认识到要想使飞斯比长久经营,就不应该只把它看成投接的新鲜玩意。正如聂耳和莫林从呼啦圈中所学到的,即使是畅销玩具,其生命周期也可能很短。实际上,在玩具市场中,玩具的生命周期既短又残酷,能坚持超过三季的就可以称之为经典。相比而言,体育运动具有持久力,能够创造整个体育生态系统。将飞盘推到体育运动的方向,这归功于飞盘界的著名人物"稳定的"艾德·海德克。1964年加入Wham-O公司后,海德克重新设计了飞斯比,使其更具备运动价值。他删除了愚蠢的太空说明,加宽了飞盘,并且为了改善空气动力,在顶端添加了同心圆边,这被飞盘迷们称为"海德克线"。这样的改变极大地提高了飞行力,第一次使得真正的飞盘运动成为可能。

海德克还发明了飞盘高尔夫。他对飞盘和这项运动一直保持着高度的热情,以至于在他2002年去世时,还要求将自己的骨灰制成飞盘。"他想让所有自己的朋友到处扔他,"维斯布鲁姆赞扬道,"他想飞到伸手不能及的房顶之类的地方,并在上面休息,享受日光浴"。

飞盘经历了很多改进,但自从莫里森将冥王星浅盘卖给公司后,制作基本款的材料大体上并未改变。这种材料使Wham-O公司的飞盘与廉价仿制品不同(因为飞盘的设计专利早已过期,所以廉价的仿制品数量众多)。当时和现在一样,制作飞盘的材料需要廉价、耐用、柔软,并有维斯布鲁姆所说的"韧性",这使人们在抛接飞盘时会感到愉悦。有些塑料能够满足一些要求,但只有一种塑料能够达到Wham-O公司的全部要求,那就是聚乙烯,它是世界上最常用的聚合物。它是现代塑料之王。

据说,有一天当约翰·D.洛克菲勒正在朝他的炼油厂张望时,突然注意到大烟囱上有火焰。"是什么在着火?"他问道。有人解释说公司正在燃烧乙烯气,一种炼油过程中的副产品。洛克菲勒立即回答:"我不赞成浪费任何东西!想办法好好利用一下"。这样,乙烯基就产生了。

这个故事肯定是杜撰的。但是我愿意把它当作传说,因为它简洁地描述了现代石化工业的来源,在每种从地下吸出来的碳氢化合物都能设法转化为利润的原则下,石化工业成为巨人。真实的一面是,洛克菲勒标准石油公司是第一家搞清楚如何从原油中分离出碳氢化合物的公司。这种革新使现代的石化公司能够制造出未经加工的聚合物,即树脂。

今天大多数的主要树脂制造商:Dow化学、杜邦、埃克森美孚、巴斯夫、道达尔石化都是从20世纪头几十年开始起步的,当时石油和化学工业开始发展联盟,或组成垂直整合公司。生产商开始意识到在生产原油和天然气以及制造化学品的过程中所产生的大量废物可能会有一些用途。与其作为无价值的副产品烧掉,不如将乙烯回收并作为聚合物的原材料来获得利润。人类对于化石燃料不断增长的依赖促进了现代塑料工业的发展,尽管生产塑料只消耗相对少的石油和天然气。全球供应的石油和天然气只有大约4%用作塑料的原料,另外4%用于制造塑料制品。当然,以废物为基础的工业比其他工业有一个巨大的优势:原材料的低成本。炼油的残渣总会比传统材料如木材、羊毛或者铁更便宜。

随着经整合的石化公司的兴起,发现和创造新的聚合物变成更有方向、更合理的过程。贝克蓝和海特因为某些特定的应用,如制造台球和电的绝缘体去寻找人造品来代替天然材料。从20世纪20年代和30年代起,工业化学家对于开发新的聚合物更有兴趣,也就在此时,他们找到了使这一发现商业化的方法。塑料正进入驱动经济的席位。

1933年,当两位英国皇家化学工业的化学家正在实验室中研究乙烯在高压下的反应时,他们发现了聚乙烯。在一系列的实验中,包括使他们的反应堆爆炸以及几乎炸毁他们整个实验室,他们发现在高压下经过苯甲醛和一点氧气的催化,乙烯分子能够链接成令人惊讶的长度。一位研究者回忆说,当时在反应堆底部所发现的雪白的蜡状物质"与当时所知的聚合物不一样,没有人能想象出它的用途"。然而它的应用很快被发现,聚乙烯在高频率和高电压下是很好的缓冲物。在第二次世界大战期间,英国利用其非传导性的特性来开发空中雷达系统,这使他们侦察到和击落了很多德国战斗机。

聚乙烯还有很多其他的优点。质轻、耐用，"比钢铁还硬，像蜡一样软"，化学活性差，可以无限地重塑。这种聚合物能够被压制成型，用途众多，从垃圾袋到人工髋骨，从特百惠塑料容器到玩具。在20世纪50年代，化学家们改善了制造聚乙烯的方式，通过利用含有金属化合物金属铆合物而不是极端高压来催化形成聚合链的反应。这一发现使化学家能够重新排列长链，并创造出以聚乙烯为主题的不同的变化。高密度聚乙烯是一种更坚硬的半硬材料，广泛用于制作储物盒，如牛奶罐和购物筐。线性低密度聚乙烯是更灵活更有伸展性的材料，是制造薄膜产品的理想材料，如塑料包装和塑料袋。两种材料相混合，就是制造基本休闲飞盘的理想塑料。

由于聚乙烯的多用途性，它成为在美国每年销量超过45万吨的第一种塑料，也使它成为第一个商业塑料，这意味着能以低价钱销售大量的聚乙烯。今天它是占领世界市场的5大商业塑料之一。其他4种包括聚氯乙烯，也被称为PVC或乙烯基，具有惊人的变形能力。与不同的化合物混合，它能被制成柔软而有弹性的东西，如浴帘，也能被制成坚硬的房屋边板和水管，或者透明的包装材料。聚丙烯是一种有弹性的防水聚合物，可用于制造整体椅子以及储存奶油和酸奶的容器。聚苯乙烯可用于制作坚硬透明的塑料，常用于制作梳子、衣挂和一次性塑料杯，也能经发泡制成泡沫聚苯乙烯。苯二酸聚苯乙烯，就是人们更熟悉的PET聚酯纤维，是一种有弹性的透明塑料，可用于制造苏打水和矿泉水瓶，也可以制成纤维用于制造衣服和地毯。

当然，我们每天都遇到许多种塑料。一共有大约20种基本聚合物，它们是千万种不同等级和种类的塑料，通过改变某一基础聚合物的基本性质就能使之更有弹性，增加透明度，提高加工能力，或获得其他所需的特征。据统计，每年在美国生产和销售的塑料大约有4 500万吨，其中五大商业塑料占据大约75%的市场份额。有趣的是，所有五大家族都始于聚合物革新的黄金年代，也就是在第二次世界大战结束前后。已有几十年没有重大的新塑料诞生了，主要是由于在市场中开发和引进全新的塑料太昂贵，太消耗时间。今天的聚合物化学家花大量的时间用于改善现存的基本材料。

在所有我们所依赖的塑料中，聚乙烯是最受大家欢迎的。几十年来，它占据了所生产塑料的三分之一，这主要是由于它是用于包装材料的聚合物。根据史基德摩尔学院的化学家雷蒙·吉盖尔统计，每年美国所生产的聚乙烯的量与全美人口总重量相当。

占有聚乙烯最大份额的大公司是Dow化学公司。我沿着得州288号公路开车前行,穿过了一片连一棵树都没有的平地来到自由港,在这里Dow拥有最大的聚乙烯工程。想要看一看飞盘的塑料原产地,就应该来到这里。实际上,在这里可以看到我生活中大多数塑料的来源:美国制造的大多数原塑料树脂都来自富含原油的墨西哥湾沿岸的石化工厂。

Dow公司在1940年来到这里,它并不是被石油吸引到这里的,而是为了保持企业的历史核心需要选择新的场地:从浓盐水中萃取溴和镁来制造化学物品。浓盐水来自于密歇根州。米德兰·赫伯特·陶于1890年在这里成立了公司,但后来浓盐水几乎耗尽。墨西哥湾提供了几乎是无尽的资源。当公司拓展其聚合物的生产时,此地区储藏着丰富的化石燃料对公司显得更加重要了。当陶宣布在原来只是小渔村的地方购买约32万平方米土地时,自由港的父辈们张开双臂欢迎他们。从此以后,小镇和这家公司便紧密联系了起来。

当我接近自由港时,它们之间的紧密性便清晰可见了。对于一个习惯了旧金山式严格规划的人来说(甚至建立汉堡王分店这样的批准申请都会引发政治冲突),我觉得进入我眼帘的这个地区真是令人震惊。1分钟前我还在开车穿过低矮的公寓社区、树木成荫的住宅区、饭店和商店,突然我就穿越了一片向西一眼望不到边的广大工业区,这是一个来自另一个世界外形的反乌托邦式天际线。这里有灰棕色的塔、巨大的水塔、筒仓和青贮塔以及迷宫一样的管道。我的旅馆在马路对面,它在互联网上标注为当地婚礼晚会最受欢迎的地点。

后来我查看地图,看到这座人口为1.43万的小镇被石化公司所包围。陶的石化公司占据了西北和东部的20.23平方千米土地。东部还有一个巨大的天然气工厂,一直延伸到海边,美国战略石油储备的盐丘坐落在南端。散落在期间和周围的还有一些其他的公司,包括巴斯夫、康菲石油公司和罗地亚。唯一没有工业的是西部,市高尔夫球场在这里。此地在1944年,由于化学物质从陶的公司的大型废物垃圾堆泄漏,污染了地下水。这导致整个社区被永久撤离。

陶的公司的影响力扩展到布拉左利亚南部,此地得名于缓慢、多泥沙的布拉索斯河进入墨西哥湾之前流过这里。自由港北部的杰克森湖区小镇是陶氏为新工厂招募的管理人员和工程师所建造的。赫伯特·陶的孙子是建筑师弗兰克·罗德·莱特的门徒艾尔登,他在40年代初设计了这个小镇。他设计了许多早期古怪的住宅和小镇。他相信不知道前方是什么会比较好,因此他设计了一条蜿蜒曲折的道路,路名定为圆环路。这条路、那条路甚至是错路。

陶还是当地最大的雇主,据测算该公司每直接提供一个职位,就间接创造了7个工作机会。公司每年支付给州和地方税务部门超过1.25亿美元,每年捐款超过160万美元,用于社会大大小小的项目,从地方医院的产房到警用无线电。50多年来,这里是蓝领的孩子中学毕业后,以及白领的孩子大学毕业后工作的地方。每个人都认识在陶氏公司工作的人。公司开朗的公共关系代表崔西·柯普兰说:"如果公司不存在了,整个社区也会消失"。她同意带我去看B工厂,这是使陶氏自由港运作的3座生产大楼之一。

B工厂是由50个不同的工厂组成的网格状厂区,每一个工厂都是致力于生产特定塑料树脂或者化学建筑材料的迷你村。我们开车经过生产聚丙烯、聚苯乙烯、聚碳酸酯、不同的环氧树脂,以及制造聚苯乙烯和聚氨酯的多种设施。这些设施占据了整个社区。街道是根据化学元素周期表的元素名字命名,例如氯和锡。沿街或者大楼上方的白色粗管是它们的命脉,这些管子把它们连接到一起。我们遇到了一位独自骑行三轮车的工人,我突然意识到这是我在户外遇到的唯一一个人。工厂有超过5 000人在工作,柯普兰解释说,这些庞大的迷宫般的工厂是由电脑控制室控制运行,工人们都在那里工作。

在这个暮光之界的生态系统中人烟稀少,但是野生动物却不少。B工厂是一大群叫作尖嘴鸥的迁徙海鸟的聚居地。一群长角牛在一个绿化带上吃草,大量的大海鲢和鲑鱼生活在咸水池塘中,柯普兰将车停在狭长略黑的长方形深水池旁,说道:"如果只是看,你不会认为这是一个很好的钓鱼地点"。前得克萨斯州长安·李察有一次来到这里,结果"钓到了很多鱼"。

在镍街道和乙二醇街道的拐角处,我们停下来看聚乙烯生产开始的地方:从这里开始到最终生产出飞盘。我们面前的是陶氏公司的两个裂解工厂之一,一个街区长的巨大火炉会把原油和天然气中的碳氢分子裂解出来。两者都可以作为生产塑料的基本原材料。陶氏公司用天然气,多数美国树脂制造商也是如此,这是因为从20世纪70年代开始石油的价格开始上涨。今天,美国生产的塑料有70%来自天然气,30%来自石油。欧洲和亚洲的比例正好相反,因为在那里天然气的价格比石油高。

裂解过程是用一系列的高温和高压来把碳氢化合物分解并重组成新的气体,这是生产塑料的起始成分,即单体分子。当碳原子排列成一个六角形的圈时,就得到了苯,这是生产聚苯乙烯中苯乙烯的基础材料之一。4个碳原子可组成丁二烯,它可以用于制造人造橡胶和丙烯丁二烯苯乙烯,这是一种坚硬闪亮的塑料,可以用于乐高玩具、移动电话以及其他的电子设备。在另一个高温裂解器下,3个碳原子能够形成丙烯,这是用于制造聚丙烯的粒子。裂解器所能达到的最高温度可以超过750℃,2个碳原子能够结合成乙烯气,这是生产聚乙烯的起始分子。

从裂解工厂开车到一个低矮的、浅褐色的砖房距离并不远,这个地方相当于神经中枢,用于控制生产飞盘所需的低密度聚乙烯。约翰·约翰逊是带我们参观这些设备的人,他是一个50来岁的、胸部像水桶一样宽阔的技工,他穿着工装裤,从中学毕业后就在陶公司工作,现在负责监督工厂的维修工作。生产工作每周7天,每天24小时不间断进行,每18个月才会进行一次定期维修。他解释说:"我们运行到有外力使我们停下来为止。2008年,艾克飓风迫使我们关闭,两个星期后,生产线才恢复正常运行"。

我们跟着他走过一个长厅,穿过测试聚乙烯样本质量的实验室,来到控制室,整个空间都被一个像数字地铁地图的长长的电子板所占据。地图不是跟踪火车,而是追踪化学物质从气体变为液态塑料的流程。一个人站在那儿专心地盯着电子板。约翰逊解释道:"电子板的控制员基本上控制整座工厂"。接着他又更正道:"模块组—电脑系统控制着工厂,操作员是检查和平衡它们。如果有什么出了问题,铃声就会响起,操作员就会进来进行调整"。正在此时,铃声响了,操作员冷静地按下几个按键。

我们准备出去看这个电子板所代表的工厂前,必须换装。我在衣服外面套了一件蓝色的工厂连身服,头上戴了一顶超大的安全帽,把塑料安全镜带到我的眼镜上,耳朵里塞了耳塞,戴上了厚厚的皮质手套。约翰逊坚持要我们穿戴好这一切后才说:"你们现在比待在自己家里还安全"。用于制造塑料的许多化学品,例如,丙烯、酚、乙烯、氯和苯都有很高的毒性。几十年前,暴露在危险的环境中对于塑料工人来说非常普遍,但今天即使是批评者也认可这个工业的生产流程已大大改进,减少了工人的危险性。操作工程师查尔斯·新格泰利告诉我:"陶氏公司走过了很长的路,我们的工人不会像以前那样暴露在危险当中了"。然而,还是会有事故发生。2006年,在一次意外泄漏事故中,一位自由港的工人暴露在氯气中。不知因何原因,他的保护面罩被拉下,因而呼入了一些致命的气体。据新格泰利所说,他报告了这次事故,完成了11小时的轮班,回到家里就死去了。

在户外,约翰逊给我们看了一排白色的管道,它们负责将输送聚乙烯的原料,乙烯、氮气、水、甲烷和其他气体进出工厂。我们沿着头顶上的管线进入一个巨大的双层建筑,里面满是嘶嘶声和泵机器,这些粗壮的机器用于将碳氢原子进行化学重组。约翰逊在这里带我们走过一些储存罐、压缩机和交换器,详细地解释乙烯是如何被重复加热和冷却,并经过多少千帕的加压和减压。几次循环后,更多的化学物质被加入混合:丁烷、异丁烷和丙烯,约翰逊在震耳欲聋的隆隆声中向我们大喊:"这就制成了聚乙烯"。

在二楼的后面,他拉开一扇门,当我本能地开始走进去的时候,他拉住了我的手臂,说道:"你不能进去,那里是反应室"。这间房子是操作系统的中心,是催化剂混合化学物质并引发大爆炸——聚合反应的地方。这里是单个分子相互联合在一起并形成一个巨大的分子的地方。我朝门里看,不知道会看到什么——沸腾的锅炉、充满烟雾的烧瓶。结果都不是,只是一个巨大的空间充满了从地板到天棚上上下下的粗大管道,就像巨大的肠道。我试图想象分子像坐过山车一样穿过4.83千米长的管道回路,彼此拉得越来越紧密,形成新的链接,增加重量和质量直到它们由气态变为液态树脂。

当然,我看不到任何奇异的转变。但是当我们返回到一楼并沿着反应室的外墙行走时,我突然意识到我们周围的空气有了微妙的变化。背景噪音由低沉的吼声变为大的吱吱声,像有100万台割草机在工作。突然我闻到了塑料味。我的鼻子里充满了一种平淡、没有特色的味道,就像从塑料牛奶瓶中喝下最后一滴牛奶或者闻着崭新的飞盘的味道。

我们周围的管道里流动的是液态聚乙烯。我们沿着它们走向另一组机器,在这里液体树脂被冷却并塑造成长面条状,然后被切成闪亮的米粒大小颗粒,再经旋转干燥。这些颗粒,也称塑料粒,是塑料村的钱币,塑料以这种方式在全球进行交易和运输。

我们看着一个装满新制成的白色聚乙烯的小漏斗。我把手伸进去,颗粒还很温暖,摸起来也很舒服,我甚至不想把手拿出来。约翰逊说这个工厂每小时能生产12.25～13.15吨的塑料粒,这意味着在我们站着看的这1分钟里,就有181.44～204.124千克的塑料粒产生了,大约相当于我和约翰逊以及柯普兰的体重相加。几乎不到60秒钟,就能用塑料复制我们的体重。

塑料粒从这里用管道输送到坐落于铁道线旁边的筒仓里。我们爬了一层楼梯进入一间横跨铁轨的小房中。从桥的人行道可以往下看。下方有8节车厢排成一排,每节车厢都精确地停在一个筒仓下方。塑料粒像盐一样从盒子里被倒入车厢上端的圆形开口。每节车厢装有87.09吨聚乙烯。有时只有一辆火车被运送出去,有时运货量达到两倍:16节车厢,即1 360.78吨的原料聚乙烯被运到美国和世界各地的工厂去。许多会被装载到货船上运往中国,在那里塑料粒经过加工成产品之后再进口回来。陶公司与美国其他的树脂制造商一样,长期为世界的塑料工业输送原材料。

然而,这种不平衡的贸易关系正在改变。从历史上看,美国和西欧公司已经占领了全球工业,西方国家现在每年提供大约3亿吨的塑料。但是巨大的改变正在进行中:工业的重心正在从发达国家向发展中国家转移,那里生产成本低,需求和消费正在加速增长。中国、印度、东南亚,以及中东都在加速提高它们自己的原塑料树脂产量。

对于石油储量丰富的国家,如沙特阿拉伯、科威特和阿联酋,塑料自然是下一步的规划。每个国家都建立了新的生产基地,为了加速进展,他们试图与美国石化生产商结盟,因为这些生产商总是想接近原料的来源来生产不同的商业塑料。例如沙特阿拉伯基础工业公司在2007年买下了通用电子旗下有名的塑料部门。正是由于这样的合资,从1990年起,中东在世界的原塑料产量已经增加了5倍,占世界塑料产量的15%。与之前的中国一样,沙特阿拉伯人也正试图进入制造塑料成品的价值增值这一产业。那些我们所熟悉的中国制造标签可能很快就会与打着沙特阿拉伯制造标签的制品并驾齐驱了。

但是那些产品不一定就会回到美国和其他发达的经济体了。美国、欧洲和日本长期以来消耗了世界上的大多数塑料,但随着人与塑料的浪漫关系走向全球,专家们相信世界的其他地方很快就会赶上来。在非洲、中国和印度,人均塑料消耗近年来已大幅增长。虽然还有很大差距,因为世界上人均塑料消耗量还只是不到美国人均的三分之一。但正如一项预测所说,这种差距也说明"发展中国家对聚合物的需求仍会持续增长"。假设发展中国家与美国人一样热爱塑料,随着人口的增长,塑料的需求到2050年时就会几乎膨胀到4倍。

谁知道我所看到的流入车厢的塑料粒是否最终会制成飞盘。生产过程如此抽象,使人很难与任何现实生活的塑料制品相联系。我怀疑约翰逊对于聚乙烯制造的物品是否有种拥有感,就像一位石匠可能会停下来欣赏他所修砌过的一栋建筑一样。当我这样问他时,他回答说:"当然会。我们出售了很多物品给S.C.约翰逊公司用于生产保鲜袋"。

"所以当你看到保鲜袋时,你会感到骄傲吗?"

"是的,当然会"。

从塑料粒到保鲜塑料袋或者飞盘是一个很长的过程。在这条路上,聚乙烯原材料会经过很多人的手——混合添加物的混合者、制造成品的处理者、贴标签的品牌所有者、负责销售的零售商。经过每一步,塑料都会增值。陶氏公司只需不到1美分就可以生产一个基础飞盘所用的140克的聚乙烯。生产飞盘的工厂需要花20美分来购买相当于一个飞盘所用的塑料,还要花1美元左右来生产和包装飞盘。Wham-O公司以每个3～4美元的价格卖给玩具公司。当这个140克的飞盘出现在我当地的玩具商店时,标签上的价格大概会升到8美元左右。那块聚乙烯的价值激增。但是,对于玩具来说,飞盘还算是便宜的。

玩具制造商们如果想压低价格就会承受很大的压力,理想的价格是低于20

美元。20美元"被认为是个神奇的价格点,因为它是自动提款机的单位。要花掉两张钞票,人们就会认真考虑"。丹尼·格斯曼,野蛮星球玩具公司的总裁,也是玩具工业协会的前总裁这样解释。价格点当然会随着时间的改变而变化。格斯曼又说,一些商店开始把15美元看作新的20美元点。不论这个神奇的数字是什么,玩具工业使价格低于这个点的方法是把运营移到海外。欢迎来到中国,全球五分之四的玩具都产自这里。

Wham-O公司很晚才加入到其他玩具公司将设在美国公司移居海外的行列。在里奇·聂耳和斯帕德·梅林拥有公司的时候,他们使公司稳定地存在于南加利福尼亚州的地盘上。公司在圣加布里埃尔有工厂,如果不在那里制造玩具,就会交给洛杉矶的塑造商。实际上,直到20世纪70年代,整个地区充满了忙着为玩具大厂工作的塑料加工厂。一位长期报道这个产业的记者回忆道:"南加利福尼亚州的每个塑造商都在制造芭比娃娃的腿、头部和零部件"。但是后来玩具制造商开始将生产移到了墨西哥,美泰尔和肯尔公司是带头者。玩具是主要应用塑料工业中第一批离开美国的。有价值的消费市场持续离开,这深深刺痛了塑料产业,除了不断上升的天然气价格外,另一个原因是在过去的10年里国内工作竞争压力太大。

Wham-O一直在美国,直到莫林和聂耳在1982年卖掉了公司。新主人立即将生产移到边界线以南。后来的20年里,飞盘都是由墨西哥边境的加工厂所制造。在2006年,一家总部在中国香港的玩具公司买下了Wham-O公司,或者说是买下公司剩余的部分,因为此时该品牌只关联几个玩具,包括飞盘、豆袋键球和呼啦圈。

当我第一次提出要求拜访Wham-O的中国工厂时,负责市场和专利的副总裁拒绝了我的要求,他引用了一段通常在有关核技术或者上校桑德的原味配方时才用到的保密理由。制造飞盘"不是火箭科技,"他解释道:"它只是很简单的注射成型塑料。任何人都能弄个模具来制造。我不想让任何人进入,除非他来自政府机构、沃尔玛或者绝对需要参观的人"。最终,经过我多次的请求,他同意让我参观工厂,不过有一个附带条件:我不能指出或者泄露工厂地址,否则就会被起诉。我只被允许说出工厂位于广东省,珠江三角洲地区,此地被描述为制造业的中心。

在过去的30年里,香港北部的这一地区一直被称为"使中国成为全球经济大国的中心地带"。有多达5万家工厂设在有密苏里州大小的区域中,生产电子产品、家用品、鞋、纺织品、钟表、衣服、手提包和无数其他的物品,包括80%全球的玩具。很大程度上,是塑料促使这里生产繁荣,因为塑料是所有这些工业最常用的材料。这里即使不是全球生产塑料制品最集中的地区，也一定是中国制造塑料制品最集中的地区。这里有1 800家工厂和6个巨大的树脂批发市场，生意人在这里出售来自全球的塑料粒。在该省，从事塑料工业的人员就相当于全美国塑料工业从业人员的两倍。

在2008年经济危机前，广东省的新兴城镇从农村吸引了上千万外来工，同时每月以不可思议的近20亿美元的速度吸引外资投入。记者詹姆士·菲劳斯统计，每秒钟都有一艘集装箱船离开繁忙的码头，而且一天24小时，全年如此。

这里也是全球人口最密集的地区之一，据估计人口有4 500万～6 000万（由于外来工的原因，没有人能够确定准确数目）。我也很难理解这个数字的含义，直到我乘火车从香港到达这一地区的第一大城市深圳。我所能看到的各处全是摩天大楼，好像曼哈顿中心区多次复制然后粘贴在灰蒙蒙的天空下。该省上空笼罩的烟雾厚重且挥之不去，以至于它毁灭了该地区已有100年历史的蚕丝业。到20世纪90年代时，家蚕已无法存活。摩天大楼间的唯一一些空隙是大的方形工厂，因为某种原因，这些工厂总是盖到5层楼高。

多年前，深圳只是个有7万人口的沉睡的渔村。我的翻译马修·王后来告诉我："这个数字每天都在变化"。他在这里的工厂工作过几年。对他来说，那是一段孤独的时光。"在这个城市，你需要不断移动。没有什么是稳定的。住宿、工作、朋友，一切都是如此。这就是这里经济很好，却不是生活的好地方的原因。我妻子说如果我继续在这里待下去，我就会疯掉的"。

马修此时已年近40岁，是这种狂热变化步调的体现。他是农民的儿子。马修在一个小农村长大，喝着用木桶从井里打上来的水，在煤油灯下完成作业。但是他学业很好，并掌握了英语，现在他虽然在全球经济中只是个小人物，却也是参与者之一。他从互联网中跟踪国际事件（在中国审查制度允许的范围内）并通过为在广东省做生意的外国人当翻译、中介来谋生。一天，当我们驱车去采访的途中，他总是随身携带的手机响了，是一位澳大利亚客户要他帮助安排运送一批鞋子到悉尼。

大踏步进入21世纪的道路上不断出现对比强烈的画面，这也是对光鲜亮丽的发展和繁荣的深入体现。骑车的人挤在六车道的公路边蹬着自行车，戴草帽的农民在市郊的小块农田里拿着锄头干活，建筑中的大楼周围有竹子搭的脚手架，每栋高楼的阳台和窗户外面都晾着衣服。

尽管广东省从公元前200年就时断时续地成为国际贸易的所在地，但这股外商投资的黄金热潮始于1979年，当时的总理邓小平宣布了对外开放政策。经过一系列的经济改革，政府在东莞、深圳、佛山建立了"经济特区"。每个地方都有特别税务优惠用以吸引外资,特别是总部在香港的公司。

此时香港有很强大的塑料加工工业,正准备大力出口。香港塑料制造商在20世纪40年代时只生产梳子等简单的物品,后来转向玩具,到20世纪80年代时,他们开始生产更具利润的产品,如电脑、汽车和医疗设备。但玩具还是主要的出口产品。在改革开放政策的刺激下,塑料加工商和玩具制造商开始迁移到内地,那里租金更便宜,劳动力极其充足。

吸引飞盘工厂的老板丹尼斯·黄来这里建厂的过程非常典型。他在香港出生和长大,在香港工学院学习聚合物工程,然后在联合碳化公司的香港分公司开始了他的工作。那时,香港本土的塑料工业还很稚嫩,他回忆道:"所有的信息都来自美国。所有的塑料磨具技术、所有的设备,以及如何塑造、如何操作机器、如何制造好的塑料产品都从美国引进"。当他和他妻子创建这个公司后,在1983年,他们开始制造简单的实用物品,如手电筒和冰箱磁铁。公司因其产品品质好而建立了声誉。一天,一家玩具公司问丹尼斯是否可以制造一种新奇的钢笔。很快丹尼斯就进入了玩具制造业。

1987年,他在广东省建立了一家工厂,当时那里是农村的一个偏远地点,周围都是稻田。从火车站打车需要2个小时才能到达工厂,而且司机往往会迷路。现在,一条繁忙的马路穿过工厂大门,周围是熙熙攘攘的商店、宾馆、公寓楼和其他工厂。尽管丹尼斯几乎每天都来工厂,他和他的家人却仍然住在香港,开车要花90分钟。他们都在工厂里工作。公司雇用了大约1 000人,这按广东省的标准是小规模的,但它仍然享有很高的声誉。

公司大部分工作时间制造其他公司的品牌产品,如飞盘以及不知名的小物件,如钥匙链、光笔和计步器。但如同许多现今中国的加工厂一样,丹尼斯的女儿艾达更有雄心壮志,她希望公司最终能开始生产自己品牌的玩具,那样公司才有未来。她的名片上印着"产品开发经理"。她很友好,30岁出头,身材苗条,头发与下巴平齐,面容精致。她能说流利的英语。她在炎热的一天驾车从香港来领我参观工厂。

艾达承诺带我去看整个生产流程。我们的第一站是在主要生产区旁边的一间小房间,在那里原树脂与Wham-O公司对生产飞盘所要求的传统材料混合。很多袋干净的白色塑料粒靠墙堆积起来,我在其中看到了埃克森·美孚的标签。此工厂所用树脂几乎全部来自海外,美国、墨西哥、中东,丹尼斯后来解释说,这是因为中国产的树脂不太可靠,每批的质量都不同,这会影响加工。尽管中国在制造塑料产品上占有很大份额,却仍然进口所用的大部分树脂,但新的树脂工厂的建设会改变这种平衡。那些塑料粒——由高密度和低密度的聚乙烯混合而成——在桶中按Wham-O公司规定的比例与色素粒和软化剂混合。这些原材料就准备好制作飞盘了。

在工厂的主要楼层，有6台注入成型机正发出当当的呼啸声，每台机器的长度与豪华轿车相仿，它们用来塑造飞盘。在另一栋建筑中还有更多的机器在全速生产。我停下来观看生产过程。它使我想起了巨大的游戏乐趣工厂。在机器上方有个漏斗状的储料器，里面装满了塑料粒和白色色素的混合物。储料器不时地释放出一批料进入一个平放的长桶中，原料会被立即加热到204.44℃。当塑料融化时，一根很长的螺杆会把塑料从桶中推入飞盘形状的空间。模具是经冷却过的，所以塑料进入模具后就开始硬化。所有这一切只需55秒钟。此时，模具的前部从后部拉开，坐在机器旁的一位女工打开一个小的玻璃门，拿出一个140克重的白色闪亮的飞盘。她仔细检查飞盘是否有瑕疵，剪掉拉出来的塑料丝和主入口点，这个小垂片指示出液态塑料进入模具的位置。此时，另一个新的飞盘已经准备好，等待从模具上拿出来。飞盘冷却之后，会与其他几百个白色飞盘一起被放到架子上等待装饰。她拿出一个顶端有小红点的飞盘，这是由上一批产品的残渣导致的。她剔除掉机器的污染点以免污染扩大，并把那个飞盘扔到一堆废品中，这些废品将被再融化并重新制成飞盘。

制造飞盘并不是火箭科学，但它比看上去要复杂得多。艾达说，公司要反复试验来保证飞盘中含有恰当的混合材料，而且重量合适，冷却时不会变形。实际上，该公司花了很大一笔钱来升级机器，购买新设备并制造新模具用于生产飞盘。我问道："投入如此之大究竟是为了什么？"艾达毫不犹豫地回答："数量"。公司每年生产超过100万个飞盘。

实际上，该公司在4个月内就生产了100万个飞盘。因为飞盘的旺季是在夏季，所以工厂只在1～4月生产飞盘。此后，机器会被装上不同的模具来为美国的圣诞热潮生产其他的玩具。玩具制造业的季节性意味着许多广东玩具工厂在一年的好几个月里会有空闲并遣散工人。丹尼斯既聪明又足够幸运，他能让公司全年全速运转。

艾达把我带到楼上的飞盘装饰区。两个女工正坐在为制造飞盘特意购置的烫印机前。一个人把一只空白飞盘放到机器中嗖的一声，顶部被印上了黑色，上面有像章鱼一样的图案，图案周围印着"运动型"和"140克"。她把这个飞盘交给同伴，同伴会精确地把飞盘放到她的机器上，飞盘会被印上银色的螺旋形圆圈并打上飞斯比飞盘的商标。旁边的数十个架子上放满了亮蓝色、黄色、橘色以及白色的刚印好的热乎乎的飞盘。

艾达提到她大约有100个工人在生产飞盘。到现在，我至多只看到12个人。这份工作最需要人力的地方，或者更精确地说最需要女劳力，因为我所看到的工人都是年轻的女性，她们在包装飞盘。我们走上一层楼梯进入一间大的空房间，有两排长的生产线专用于包装飞盘，使它们能够准备好零售。年轻的女工坐在输送带边，每人都在弯腰做着飞盘生产过程中每天要重复数百次的单一工作，有人会把6个飞盘放到展示盒中，有人会把标签贴到飞盘下部，有人把生产码印到标签上，有人封装飞盘盒，或将飞盘放到印有"中国制造"的大纸盒中包装好。唯一的自动化设备是移动着的传输带。这里空间很大而且通风良好，但即使所有的窗户都开着，屋子里还是异常炎热，而此时还没到夏季，房间里没有空调。

　　一条生产线的班长是黄敏龙，她是一个身体结实的女工，穿着T恤衫和牛仔裤，头发向后梳，戴着蓝色帽子。与大多数的工厂工人一样（在整个广东的工厂都是这样），她是来自其他地方。她在多年前从距此地有数百千米的广西出来，留下了两个孩子，人们通常称她们为农民工。她每年只能回去看他们一次，那是在她回家过春节的时候。一年中的其他时间，她都住在公司的宿舍里，并与其他9名女工共住一室。我看到的宿舍是装满上下铺床的一个拥挤的空间。天花板上，一个日光灯边上挂着一个风扇。一张床上堆着小柜，女工们可以把他们的私人物品放到里面，另一张床上堆着行李箱。每个床铺上都挂着帘，用以遮挡隐私。洗漱用的塑料盆堆到房间前部，走廊的另一端有一间公共卫生间，在她们用餐的餐厅旁边。

　　在外的生活是艰难的。艾达并不愿意提供详情或者让黄敏龙谈及她和其他女工的工资和工作时间。但玩具厂工人工作时间长，工资极低是出了名的。当时，在梅尔泰公司官窑镇（位于广东省佛山市）的工厂，工人每月平均工资是175美元，每周工作60小时。工人还得从工资中付住宿费和餐费。中国的监察部门在2007年报道，许多玩具厂的条件"极其简陋"，常常是"工作时间长，工作环境不安全，并限制集会的自由"。某些工厂在高峰季节，工人们被迫连续几个星期每天工作10～14个小时，没有一天休息。根据这份报告，工厂还会强加给工人非法的罚款和处罚，进一步剥削员工微薄的工资。监察部门并未把大部分责任归咎于厂商，而是归于跨国玩具公司和大型连锁零售商，因为他们坚持以每个玩具低于20美元的价格销售。便宜的玩具也会付出代价："为了保住微薄的利润，许多工厂别无选择，只能接受玩具公司的低价要求"。该机构还提到："很悲哀的是，工人的工资和待遇是玩具生产中唯一可以掌控的因素……"

　　在Wham-O公司或者飞斯比工厂的情况可能并非如此。我短暂的参观并不能公正地评估那里的条件。那里看起来干净安全，尽管宿舍和开放式餐厅按美国的标准来说有点令人失望，但我的翻译说他还看到过比这更糟糕的情况。由于民工的特点是频繁换工作，艾达告诉我说她公司的工人却很安定。她说："我也不知道原因，但我们厂的工人待的时间会很久。有些工人在这里工作了20年了。"

实际上该工厂的全部产品都会运往海外。这种以出口为导向的模式使中国在塑料村中建立了特许经营权，但由于缺乏强大的国内市场支持，使中国的玩具商面对全球性大事件时非常脆弱，例如2007年所发生的玩具召回潮。当年由于发现了含铅油漆和其他安全危害，迫使美国玩具公司召回了超过2 500万个中国产的玩具。这些召回，以及始于2008年的全球经济衰退使中国的工业风光不再。据估计有超过5 000家玩具公司（不只是在广东省）在2007年中到2009年初倒闭。同时，不知有多少公司转移到中国其他经营费用更便宜的地方，或者是像越南这样更便宜的国家，他们是沿着最初把玩具工业带到广东省的路线走的。省政府显然很高兴他们离去，很希望用高价值、高技术的工业来取代当初点燃中国经济引擎的轻工业。但这些工业也会严重依赖塑料。

尽管丹尼斯很成功，他也很脆弱。我参观工厂后6个月，新主人买下了Wham-O公司，并决定取消和他的合同，几乎没去考虑他的公司为了生产飞盘所投入的巨资。新主人，即奇迹制造公司，在中国、墨西哥和美国都有自己的生产设施。它宣布会将飞盘生产迁回美国，尽管在2010年中期，绝大多数的飞盘还仍然在中国的工厂生产。

飞盘公司转手后我联系过艾达，她告诉我说，失去飞盘合同很令人失望，但生意就是这样。她说公司已从为Wham-O公司生产飞盘转向新的市场方向：音乐贺卡。这使公司有机会进入电子市场，也是从玩具业上了一层楼。她说："玩具业不是很稳定，而音乐贺卡是更加大众的市场。"

结果表明，这种唱着单调的"生日快乐"歌的音乐贺卡要比高飞的聚乙烯飞盘更能被艾达和她的员工们所理解。

当我们穿过工厂时，艾达很小心地问我："飞斯比飞盘在美国很有名吗？"

"当然，"我告诉她，"它非常有名。每个人都一度拥有飞斯比飞盘"。

对艾达和工厂中的其他人来说，这种流行是一个谜。"在香港，它并不流行。因此我们在想，为什么会有这么多人订购飞斯比呢？"

我问道："那么这里的人不玩飞盘吗？"

"哦，不玩，我们只是偶尔在海滩上玩。"

黄敏龙，就是和我短暂交谈的那位工人，也同样对这种她花了几个月时间包装并准备运往海外的玩具感到困惑。我让翻译马修·王去问问她人们用飞盘做什么。

　　"她知道人们在海滩上玩。"

　　我问："她曾经玩过飞盘吗?"

　　"没有,"马修翻译说,"她从没有去过海滩"。

四

"现在人类也有点塑料化了"

2010年4月出生的女婴艾米，是名提前4个月出生的早产儿，体重只相当于两个麦当劳的巨无霸汉堡。她在华盛顿特区的国家儿童医疗中心产房出生后，就直接被送到了新生儿加护病房。

两天后，当我在新生儿加护病房看到她时，不禁倒吸一口凉气。她已完美成型，但看上去却又像未成品，手指像春天的小嫩枝，皮肤透明得像新生的叶子。她被放在封闭的透明塑料保温箱内，身上连接着一些管子。海绵垫盖住她柔弱的眼睛，以防被预防黄疸所用的特殊紫外线灯所伤害。除了她身下有一层柔软的毯子之外，她整个身体被塑料所包围。

疏忽和不小心使她提早来到这个世界上。她的母亲没有产前照顾，还有吸毒问题。当她母亲开始提前分娩时，正是体内毒瘾发作之时。她怀的是双胞胎，但艾米的孪生是个死胎，艾米的生存机会也不大。照顾她的护士说："我们也没想到她能坚持这么久"。负责新生儿特护病房的医生比利·修特认为她有40%的存活机会。艾米能够从最初几天坚持下来并能存活下来的事实在某种程度上是聚合物技术的胜利。新生儿医学和许多现代医学一样，无论在引人注目或者平凡的各个方面所取得的成就，在很大程度上都要归因于塑料的问世。

聚合物使今天的医学奇迹成为可能。荷兰医生威廉·寇夫怀着一种"上帝种植什么，人类就能制造什么"的信念，在荷兰到处搜寻玻璃纸和其他材料用以完善他的肾脏分析机。今天，塑料心脏起搏器能够使有病的心脏继续跳动，人造静脉和动脉使血液继续流动。人们用塑料品来替代磨损的髋关节和膝盖。

塑料支架可用于帮助新皮肤和组织的生长,塑料植入人体能改变我们的外形。整形手术不再只是一种比喻。

塑料同样用于精密影像仪器的外套和部件上。它们也用于基本的日常医学设备中,从便盆和绷带,到20世纪50年代首次出现的一次性手套和针管,这些用品在艾滋病出现之后就完全离不开它们了。用塑料品,医院就能够将必须经过辛苦消毒的设备改换成吸塑包装的一次性用品,这也提高了安全性,极大降低了成本,使得更多的病人在家接受护理成为可能。

就规模而言,医学领域是很小的终端市场,只消耗不到10%全美聚合物的产量,与包装材料(33%)、消费品(20%)和建筑材料(17%)相比只占很小一部分。但它却是一个强有力的抵抗经济衰退的市场,并且为塑料工业提供了强有力的拓展空间。医学一直为塑料业带来好消息,也展示了聚合物的优点。在一次公关活动中,美国化学委员会展示了一张一个新生儿在塑料保温箱中的照片。

当我们一同参观国家儿童医院新生儿特护病房的54张床位时,比利·修特医生也赞同塑料是新生儿医学中不可缺少的,在这里像艾米一样的早产儿可能会度过生命中的最初几个星期,甚至几个月。修特是乔治·华盛顿大学新生儿医学部主任,当我们站在艾米床边时,她向我们描述了塑料是如何医护这么脆弱的婴儿的。当她把手伸入艾米保温箱侧面的小窗时,她指着4个透明的、特别细的管子,在旁边点滴架上悬挂的几个塑料袋通过这些管子将养分和药输送给艾米。一根管子插入到她头部的静脉中用于补液,另一根插入胳膊上的静脉输送抗生素,管子比我手中书写用的笔还要细。两根导管插入她的脐带头处,一根通过静脉补养,另一根连接动脉,因此护士能够监测艾米变动的血压和血液中的含氧水平。有一根呼吸管插入她的喉咙中,管子的另一端与帮助她呼吸的一台包在塑料中的机器相连。所有的管子都很柔软,也有弹性,能够导入她弱小的身体而不会撕坏身体组织。同时,那个封闭的塑料保温箱能够保持仔细核对过的恒定温度和湿度(像艾米这样的早产儿没有能够维持身体温度的多层皮肤和脂肪)。这种设备在过去40年里是帮助提高早产儿存活率的几个因素之一。

我看着艾米的胸脯像麻雀一样快速起伏。不时地,一阵阵不自主的颤动会传遍她的小身躯,好像她的战栗是由于宇宙中的什么野蛮力量将她从母亲黑暗温暖的子宫拉到这个人造的环境中。

我指着这些管子,问修特医生,她要像这样用管子连着多长时间?

"哦,得几个星期,"修特说,"一旦她稳定下来,艾米就会通过喂食管获得养分"。

新生儿医学是一门相对新的医学专科,第一个新生儿特护病房是在1965年建立起来的。这一领域的兴旺是在聚合物的时代,这可能并非巧合,对于婴儿细如发丝的血管和薄如纸张的皮肤来说,这是个挑战。然而,直到20世纪80年代,大多数新生儿特护病房中所用的点滴瓶仍然是玻璃的。修特还记得对这些瓶子跌落和打碎引起的不便和担忧。修特说,起初,改变为塑料瓶是一个巨大的进步。"我们都认为塑料是惰性的,很安全。我们不用为此担心。但随着研究的深入,我们越来越明显地感觉应该对此引起注意"。

在这里,修特医生谈到了塑料在医学上的矛盾中心点:在治疗的过程中,它也会导致伤害。现在的研究表明,输送给这些最脆弱的孩子们的药物和养分的塑料袋和管子,也同时输送了可能会从现在起损害他们健康的化学物质。用于点滴袋和管子的乙烯塑料中含有一种软化化学物质,能够阻碍睾丸素和其他荷尔蒙的产生。这种化学物质叫作邻苯二甲酸盐,它与人们熟悉的环境污染物如水银和石棉的作用不同。那些物质的暴露会造成显而易见的伤害,如癌症、新生儿缺陷或死亡,而邻苯二甲酸盐会以更复杂和曲折的路径对人造成伤害。这是由于它们会使人体内的内分泌系统紊乱。内分泌系统是多种荷尔蒙间复杂的、自我调节的机制,它能够决定人体的发育、生殖、成熟度、对疾病的抵抗力,甚至行为方式。邻苯二甲酸盐并非非常用塑料中具有破坏效力的唯一一化学物质。通过模仿或阻碍,压制睾丸素和雌性激素等荷尔蒙的产生,这些不同的化学物质会产生微妙的、长期的影响,这种影响可能很多年都不出现,或者只出现在我们的后代中。它们会使我们更易于患上气喘、糖尿病、肥胖症、心脏病、不孕症、注意力缺乏症,这些只是在动物试验和流行病学调查中出现的一些与不同化学品相关的健康问题。还有一些物质即使是在很低的浓度下都会造成伤害,这点我们以前并没有担心过。

正如塑料改变了现代生活的基本结构一样,它们也正在改变我们身体的基本化学结构,背叛了我们对它们的信任。我们中的每个人,即使是新生儿,身体系统中都有一点儿邻苯二甲酸盐和其他的人造物质,如防燃剂、防污剂、溶剂、金属、防水剂和杀菌剂。这些化学物质并不属于人类,它们对人体健康的实际威胁现在还不确定。尽管我与婴儿艾米的生活不同,我却看到了相似点。在塑料时代,我们都是保温箱内的婴儿,与聚合物紧密相连,面对充满新风险的世界。

很少有谈及塑料对医学冲击的情况(好处和风险,以及平衡这两方面的复杂性)也很少有提及塑料点滴袋以及蛇形插管对医学的影响。这个健康护理的主要用品是在第二次世界大战后由哈佛医学院外科医生兼教授卡尔·华尔特所发明。与许多外科医生一样，华尔特有机械师的头脑和发明的天赋。在20世纪40年代后期，他将这种才华用于解决血液的收集与储存问题。当时血库还是一个新的概念。华尔特自己在此前10年已建立起第一个血库，位于哈佛一个不引人注目的地下室，目的是不引起大学董事们的愤怒，因为他们认为收集和使用人血是"不合伦理和不道德"的行为。血库在那个时代面临很大的问题。捐献者的血液被通过橡皮管抽到塞有橡皮塞的玻璃瓶中，这一过程经常会破坏红细胞并使细菌和气泡进入。为了寻找更好的系统，华尔特想到了最令人振奋的新的热塑性塑料——聚氯乙烯，即人们更熟知的PVC，或称乙烯基。

PVC是一种独特的聚合物。与其他塑料不同，氯是PVC的主要成分，氯气是从盐（氯化钠）中提取的一种绿色气体。为了制造PVC，氯气要与碳氢化合物混合，形成单体氯乙烯，然后经聚合形成颗粒精细的白色粉末。

这种不平常的化学过程是PVC的最大优势，同时也是它巨大的问题——这也就是工业上对它高度赞扬而环境保护主义者却称之为撒旦的树脂的原因。氯基使PVC在化学上很稳定，防火、防水而且便宜（因为生产这种分子所需的石油和天然气更少）。生产PVC很危险，丢弃它们更是一场噩梦，因为PVC燃烧时会释放出戴奥辛和呋喃，这是现有最容易致癌的两种化合物。

PVC也是一种不寻常的聚合物分子，它很容易与其他化学物质连在一起，可以使这种树脂具有很多特殊的性质。实际上，如果没有添加物，PVC就会很脆弱以至于没有用处。但当它与其他化合物结合后，它就能被"转换成几乎是无限的应用"，乙烯研究所推销员这样夸赞道。它能被用作支撑房屋的坚硬塑板、送水的结实水管、电线的绝缘包装、玩具娃娃的可捏压胳膊、柔软的浴帘、肉体感的按摩棒。这种多样性使得PVC成为世界上最畅销的塑料，也是医疗设备制造商的常见选择。但由于树脂还依赖添加物，它就经常会引起争议。

引起卡尔·华尔特注意的是一种特别的乙烯，被称为塑化PVC，这种塑料通过添加邻苯二甲酸盐家族中一种叫作邻苯二甲酸二脂的透明油脂液体，或叫DEHP的添加物，可以使塑料柔软而有韧性。邻苯二甲酸盐在消费品和工业产品中非常普遍，制造商每年会生产接近22.68万吨这种物质。它们被用作塑化剂、润滑剂和溶剂。你能在任何软性乙烯基制成的物品中找到邻苯二甲酸盐。你也可以在其他的塑料和材料中找到它，如在食品包装和食品加工设备中，在建筑材料中，在服装、家庭装修、壁纸、玩具、个人洗护用品如化妆品、香波和香水中；以及黏胶、杀虫剂、蜡、墨水、光亮漆、漆器、外涂层和油漆中。它们甚至也被用于具有长效药力的药物外层和营养补充物的外层。有大约25种不同类型的邻苯二甲酸盐,但常用的只有大约6种。其中邻苯二甲酸二脂是最普遍的,特别是在医学用途上。我们应该为此感谢卡尔·华尔特。

塑化PVC似乎是能够达到华尔特目标的理想材料:它非常耐用,有弹性,而且与玻璃不同,它似乎不会破坏红细胞。它可以使血液中的二氧化碳消散,氧气扩散,这对红细胞有好处。如他所说,这种材料完全是惰性的。为了向同事们展示它的优点,他拿了一袋血出席会议,把它扔到地板上,然后用脚踩。袋子支撑住了,这比易碎的玻璃优势大很多。但真正的优点是血袋能够与其他袋子连接,形成安全、无菌的系统,血液可以被分离成不同的部分——红细胞、血浆和血小板。

这种新技术使收集和应用血液的方式发生了革命性的变化。人类历史上第一次可以安全地分离和储存血液的各个组成部分。输血时不用给病人输全血,医生可以只输入病人所需要的血液成分。一份血液可以按需分给3个不同的人使用。

美国军队在朝鲜战争期间使用了这种新血袋,它们在战场上治疗伤员表现得更安全、更可靠。医生可以挤压袋子使得所装血液流出更快。从另一方面讲,玻璃瓶只能依靠重力来起作用;它们必须抬高到高于病人,这会成为对方火力的目标。在20世纪60年代中期,PVC血袋没有血库和医院的标准配置。华尔特的革新也开始在静脉疗法领域掀起波澜。几十年来,医疗器械供应商逐渐淘汰玻璃瓶,用PVC袋来盛装各种需静脉输入的液体,包括盐水、药物和营养补充物。

PVC最大的卖点之一是,它被假定具有化学稳定性。正如《现代塑料》在1951年发表的一篇题为"为什么医生在用更多的塑料"的文章中指出:"任何与人体组织接触的物质……必须具有化学惰性而且无毒"。而且要与人体组织兼容,不会被吸收。PVC好像能够满足这些条件。但在20世纪60年代末70年代初期,一系列的发现开始瓦解这种无害的假设。

首先,人们发现氯乙烯气这种制造PVC的主要化学物质比人们以前所想的更加危险。B.F.古德里奇公司位于肯塔基州路易斯维尔PVC工厂的医生在1964年发现,工人们患上了肢端骨质溶解病,这是一种系统性疾病,能够导致皮肤病,循环问题以及手指骨变形。后来,欧洲的研究者发现证据,证明氯乙烯能致癌。正如大卫·罗斯纳和吉罗德·马克维兹在《欺骗和否认:工业污染的致命政治》中所详细揭露出来的那样,乙烯工业最开始隐瞒了一些研究结果,这些结果表明低水平的聚氯乙烯会导致老鼠患上肝癌。但直到1974年,隐藏的问题才被揭露出来,当时有4名古德里奇工厂的工人死于同种罕见的肝癌——肝血管肉瘤。《滚石》的一位作者将路易斯维尔工厂比喻为"塑料棺材"。

路易斯维尔事件的揭露尽管很吓人，它们所描述的却是一个熟悉的环境危害，这种危害来自危险的工作条件，而且很大程度上限制在工厂内部。如果氯乙烯能使PVC工人致癌，那么工厂的条件就必须改善以使工人们不再处境危险。实际上，经过不断的规定和法律上的争执，新成立的职业安全与健康管理局制定了严格的入门条件，这极大地限制了工人在化学品中的暴露。规定把可接受的水平从100万分之500降到100万分之1。工业界很不满，声称如果要符合新标准，就要花费高达900亿美元的费用，但是最后，使工厂更安全的花销只用去了2.78亿美元。从此以后，再也没有乙烯工人被报道患上血管肉瘤。

随着氯乙烯丑闻的展开，另一个研究指出一个更隐蔽也更不确定的危险，添加到PVC中的化学品会从广泛使用的产品中泄漏出来。

约翰·霍普金斯大学的毒物学者罗伯特·鲁宾和鲁道夫·杰格尔在1969年一个针对老鼠肝脏的试验中无意发现了这个问题。肝脏被用PVC血袋所装的血液经管子灌注，但很明显一些不为人知的合成物干扰了试验。鲁宾让他的研究生杰格尔搞清楚这种神秘的化合物究竟是什么。杰格尔发现那是DEHP，是添加到用于制造血袋和导管的乙烯基中的塑化化合物。他很快发现，那些血袋中所含DEHP占到重量的40%，在导管中的重量甚至高达80%。添加物并未与构成PVC的分子长链键合，这意味着它能够移动，特别是有血液或脂类物质时。

罗宾和杰格尔都不知道DEHP是否有毒，但他们对于此后的研究既惊讶又有点警觉，因为他们在储存的血液中和经输血的人体组织中都发现了这种化学物的痕迹。当杰格尔把他们记录这些发现的论文提交给知名的《科学》杂志时，编辑拒绝发表，并告知他除非化学物被证明有毒，它是否进入人体并不重要。杰格尔大胆地给编辑打电话并劝他改变想法。他回忆说："我说，请看看邻苯二甲酸盐和PVC塑料在社会上的使用程度吧。这值得发表，因为科学家有必要知道从塑料中有渗出物是普遍存在的"。

此后不久，美国心肺研究所的一位化学家报告说，他也在100人的血液样本中发现了DEHP和其他邻苯二甲酸盐的存在。但这些人并未在工作中暴露在化学物质中或者经历过输血，他们只是塑料品的消费者，他们可能通过接触成千上万的日用品中接触到了邻苯二甲酸盐，如从汽车到玩具，从壁纸到电线。这些发现在1972年被报道出来，《华盛顿邮报》宣称："现在人体内也含有一点儿塑料了"。

确切地说，所谓"一点儿塑料"到底意味着什么？当时多数人的观点是，问题不大。塑料品制造商早就知道添加物能够也必将会从聚合物中泄漏出来，却坚持认为人类并未大量暴露于其中，因此不会受到任何伤害。在认真研究了

DEHP和其他邻苯二甲酸盐之后,特别是对成人的影响,独立的毒物学家也得出类似的结论。他们发现高剂量会导致啮齿动物的天生缺陷,会使小鼠和老鼠患肝癌,但这一机制很少会影响到人类。当我给罗宾和杰克尔打电话时,他们都告诉我,经过大量研究,他们都得出了不必为此担忧的结论。现在已退休的罗宾说,他花了很多年时间研究DEHP,却只有一例相关的危害事件:这是一个不寻常的现象,在越南战争期间,一位休克的受伤士兵在接受了从聚氯乙烯血袋输的血后死亡了。在这种罕见的情况下,化学物质能够在肺部引发致命的免疫反应。除了这一案例,罗宾说,他会得出这样的结论,DEHP和其他邻苯二甲酸盐"会和鸡汤一样无害"。

当时也有一些不同的声音,但多数反映出来的是一种科学家们对于工业化学物质逐渐普遍以及人类与它们的联系越来越亲密而感到的不安。只有当毒物学发生了重大改变,以及一位科罗拉多的女士改变了她晚年的事业后,这些声音才渐渐有了听众。

1987年出版的一本毒物学基本教科书,清楚地讲述了持续几个世纪的毒物理论。在《现代毒物学教科书》第2页上,作者欧内斯特·哈吉森和帕特里夏·利瓦伊宣称毒物是"一个量的概念。几乎所有的物质在某种剂量下都有害,同时,在较低的剂量下都无害"。哈吉森和李维用阿司匹林的例子来解释:2片阿司匹林就有疗效,20片会导致胃部不适,60片就会致命。这一剂量就是毒物。这一观点,最初是由中世纪炼金术士帕拉西塞斯提出,一直是现代毒物学的根本原则之一。

但是就在哈吉森和李维出版了他们的毒物教科书第一版的同年,一位动物学家欧·寇本也开始发表一种不同的毒物效应理论来挑战传统的观点。寇本甚至不是一位从业的毒物学家。她曾在科罗拉多州花费数年时间来抚养4个孩子,工作是农场主和药剂师,当时她开始担心当地河流和湖泊中的污染物会对这一地区人们的健康有影响。她想更好地理解水质问题,因此在51岁那年,她回到学校并获得水生态学的硕士学位,然后又获得动物学的博士学位。在20世纪80年代末,她在华盛顿特区的保护基金会得到了一份工作,她的老板让她去调查五大湖区污染的影响。这是一份根本上来说需要钻研资料,令人厌烦的工作。然而,寇本正如一位记者对她的描写一样,有这样一种才能,她能在成堆的资料后发现隐藏在其中的闪光点。

几个月时间里,她对成千上万份有关杀虫剂和人造化学品对五大湖区野生动物影响的报告进行研究,她本希望找到超水平的癌症发病率,因为这是毒物存在的经典标志。然而,这些报告中充满了怪异的陈述,包括小鸡日益消瘦,出生的鸬鹚缺少眼睛、鸟嘴交错,雄性海鸥睾丸内有雌性细胞,雌性海鸥共同筑巢。看起来"就像很多不相关信息的大杂烩。"寇本后来在她与人合著的书《我们丢失的未来》中这样回忆。但她感觉"在混乱的表面下可能隐藏着某些重要的东西"。

为了理顺这些数据,她创建了一个电子表单,按物种和对健康的影响来分类信息。根据这些症状——失去生殖力、免疫系统问题、异常行为方式,她看到一种模式。大多数都可以追溯到内分泌系统的失调问题,这个系统是产生荷尔蒙(如雌性激素、睾丸素、甲状腺素、人的生长激素)的复杂腺体网络,控制生长、发育、新陈代谢和生殖。这是一个新的、有潜在的、对环境有深远影响的问题,特别是寇本在这些数据中所看到的另一种模式:暴露在化学毒物中的成年动物大多状态良好,健康问题主要出现在它们的后代身上。与典型的毒物不同,这些毒物似乎是以她所说的"二手毒药"的方式在起作用。

这种跨代的事件以前并非不知道。正如寇本所知,一种强力的人造雌性激素已烯雌酚(Piethylstilbestnol, DES),有着相似的效果。这种药在40年代至50年代被普遍用于怀孕妇女以防止流产。但几年后,曾由于子宫暴露于药物之下的孩子们开始出现了很多健康问题。出生的女孩与普通女孩相比患乳腺癌的比例更高,也会患极其少见的阴道癌,以及怀孕率降低和其他生殖问题,出生的男孩易于产生隐睾症和尿道下裂(阴茎口位于茎部而不在龟头上)。DES的经验使科学家们警觉到人造荷尔蒙的潜在危害。

但是寇本并不是去调查模仿荷尔蒙的药物。而且,她所检查的杀虫剂和工业化学物质要比DES流通得更加广泛。她的数据表明,野生动物和人类正在暴露于一种全新的危险当中,这是由于人类广泛使用化学物质,这是一种可怕的可能性,它也挑战了帕拉西塞斯范例这种常规测试的核心原则。毒性不只在于用量,也与暴露的时间选择有关。

她的假设可能造成的结果使寇本思虑沉重,完成报告后,她感觉自己无法进行另一项研究了。因此1991年7月,她在威斯康星州的莱辛市文斯普利德会议中心召开了一次会议,召集了20位各个领域的顶级研究者参加会议,他们曾协助她完成评估,也具有全面的专业知识来评估她的理论。这些成员来自不同学科——生物学、内分泌学、免疫学、毒物学、精神分析、生态学和人类学,这群人很少相互交流。寇本回忆说:"我快吓死了。我只是个新博士,只认识几位野生动物生物学家"。但她努力敦促他们,使他们从早到晚地工作,这样他们就能相互了解并在工作中取得联系。在那个周末,小组成员一致认为,他们就像瞎子摸象的寓言中所说,每个人都在描述这个令人烦恼的情况中的一部分。他们称之为"内分泌失调"。其特点包括常被传统毒物研究忽视的3个重要发现：影响可能跨代，要看暴露的时间点；可能在后代的成长中表现出来。

文斯普利德的第一次会议指出，大约有30种化学物质有内分泌干扰作用。今天，根据不同人的计算，这一数字在70～1 000之间变动。这一数字很难确定，这是由于内分泌干扰素会引起很多麻烦，影响正常的荷尔蒙活动，造成的结果也非常复杂。例如，通过模仿天然荷尔蒙，它们能够使自身附着于细胞的特殊接收体上，而这些细胞又用于启动某些基因。或者它们也会阻碍天然荷尔蒙到达目的地，阻止其传递化学信息到细胞受体。不论有多少种内分泌干扰性化学物质，它们大多可以在普通的塑料中被找到。

除了邻苯二甲酸盐，目前最臭名昭著的嫌疑者之一是双酚A，它是聚碳酸酯的主要成分，是一种坚硬、透明的塑料，用于制造很多用品，如婴儿奶瓶、光盘、眼镜片及水瓶。双酚A也是用于罐装食品和饮料内环氧树脂的主要成分。遗憾的是，使这些很长的分子连在一起的链很容易会弱化。热水和洗涤剂能使聚合物长链松弛，这一旦发生，少量的双酚A就会游离出来。因此每次清洗聚碳酸酯瓶时，就有一点儿双酚A断裂滑落。从20世纪30年代起，科学家就知道双酚A有点像弱雌性激素，至少能用两种可能的方式影响体内正常的荷尔蒙活动：一种是与细胞的雌激素受体键链，另一种是阻止天然的更强的荷尔蒙与细胞交流。任何一种方式都会干扰身体接受和生产天然荷尔蒙。

迄今为止，成百上千的研究已表明双酚A会对动物和人体产生上述影响。研究者报告称，此种化合物对动物和细胞产生的影响与人类越来越普遍的一些疾病相似，如乳腺癌、心脏病、Ⅱ型糖尿病、肥胖症、神经行为问题如多动症。

对双酚A的研究一直争议极大，部分是由于所假设的影响只是低剂量而不是高剂量，这与帕拉塞斯的名言完全矛盾。但是如果你把它看作荷尔蒙而不是某种随暴露量而增加毒性的毒物就完全合理了。这种说法来自密苏里大学生殖内分泌学家弗雷德克·冯·萨尔，他也是最早对这种分子进行大量研究的科学家。荷尔蒙的产生是一种精密调整的反应系统作用的结果，是由一对在脑部负责命令与控制的腺体协调，即脑垂体和视丘下部。如果荷尔蒙的水平太高或者太低，视丘下部就会将信息传递给脑垂体，它会指令腺体加速或者减缓荷尔蒙的生产。冯·萨尔说："由于这种反应系统的作用，高剂量和低剂量的性荷尔蒙会产生相反的效果。这就是我们教给大学生的知识。高剂量下，它们会停止反应，而低剂量时，它们又会出现刺激反应"。

在双酚A和其他一些塑料中，令人担忧的是分子结构部分。一些批评者认为，聚碳酸酯的危险性在于它是由一种单体苯乙烯构成，也就是众所周知的神经毒素和可能的致癌物，一些研究表明它能从聚合物链中被分离出来。

但大多数化合物中都含有专家们担心的添加物，如混合在基本聚合物中用于产生理想性质的邻苯二酸盐。如果它们只是与长链松散相连，就很容易从聚合物中脱离出来。例如，PVC中的邻苯二酸盐很容易进入脂和油脂，它们很容易从聚合物分子中脱离并溶解在油脂分子中。生产商依靠多种添冲剂、松散剂、抗氧化剂、染料、阻燃剂、润滑剂、稳定剂、塑化剂和其他添加物来调整他们的塑料产品，这些添加物如此之多以至于参考资料中列出了长达656页的聚合物添加物。这么多的塑料添加物本身就能产生大约370亿美元的全球市场价值。

一些用在塑料中的添加物，如点滴袋中的邻苯二酸盐、厨房用具和玩具中的抗菌剂以及家具中大量使用的溴化阻燃剂已经引起研究者和标准制定者的注意。但还有成百上千种添加物，我们对此可能一无所知。德国研究者发现很令人吃惊，因为水瓶中所含的聚对苯二甲酸乙二醇酯会有少量泄漏，泄漏出来的物质中有一种或多种不为人知的类似雌性激素化合物类。研究者马丁·瓦格纳告诉我们："我们知道塑料能释放出内分泌干扰素，但并未预料到PET也会"。他没有试图找出导致这种影响的化合物，但一种可能是锑，这种化学催化剂用于制造PET，且已有资料显示它具有雌性激素活力。

遗憾的是，消费者无法知道我们购买的塑料品中有哪些化学物质。一般来说，也不要求生产商标注塑料制品的成分。实际上，从原材料聚合物到成品这条很长的供应链中，很可能生产商也不知道他们所用的塑料树脂的成分。包装上的树脂码是设计用于帮助回收的，它们至多只能提供有限的信息。大多数情况下，消费者和保温箱内的婴儿一样对于周围的塑料毫无线索。一天我从OfficeMax店购买了一个新的塑料垫时，我对这一点更加清楚了。

在商店里它就有一点很微弱的化学品味道，但当我做了几件其他的事情，并把它放到车里几个小时后，这种味道变得很强烈。我把盒子拿出来并把它翻转过来，真希望能找到垫中所含成分的指示。然而盒子上只写着里面装有一个蓝色的塑料椅垫，还有一个有帮助的注释：不包括椅子。垫很有可能是聚氯乙烯制造，但我怀疑这种味道很可能是由聚氯乙烯中所添加的某种邻苯二甲酸盐产生，这是由于尽管聚氯乙烯能释放气体，却是无味的。如果你去闻点滴袋，你不会闻到任何味道。我是否需要担心这种味道呢？还是它只是恼人的味道而已？我无法得知。当我后来给OfficeMax公司打电话时，公司确认垫是由聚氯乙烯制成，但无法提供更多的信息。艾伦·布莱克是乙烯研究所的发言人，他指出味道是源于添加到塑料中的油墨和硫化物。他说："有些人喜欢这种气味"。还说这种味道会在几天后消散。

我尽力不对这些事情过分敏感,但认识到生活中充满了更多的更切实的危险。我在一个吸烟的家庭长大,自己也吸了多年烟。我有时开车时打手机。我的房子容易发霉。我有时忘记涂防晒霜。去OfficeMax公司之后,我准备开上高速公路,在柴油颗粒和废气中穿梭,更不用说周围的超速汽车了。我考虑到扔掉垫子,但这样就失去了39美元。最终我决定打开窗户,等待风把这种味道吹走。

许多人怀疑内分泌干扰素能干扰雌性激素。然而,点滴袋和导管中所含的化学物质DEHP是抗雄性素,这意味着它会干扰男性和女性体内的睾丸素和其他男性化荷尔蒙。医疗设备有可能是暴露的主要来源,但我们大多数人是通过非医疗的聚氯乙烯用品如浴帘、壁纸、百叶窗、塑胶地板块、室内装潢、花园水管、游泳池衬垫、雨具、汽车内饰、活动车顶棚以及电缆和电线的外皮等接触到DEHP的。在拖鞋和塑料鞋中、模型黏土如软陶和雕塑泥中、瑜伽垫中、化妆品和指甲油中、清洁用品、润滑剂、蜡,更不用说家里的灰尘中都含有DEHP。但是我们主要的暴露是通过油脂食品,如奶酪、油,它们很容易吸收化学物质,尽管到底是通过塑料包装,还是食品包装中的油墨,还是在商品准备和加工过程中进入的我们还不清楚。例如,牛奶中的DEHP就曾被追溯到乳品厂所用的管道中。

这种普遍存在的情况意味着化学物质能够通过几乎任何途径进入我们的系统,通过呼吸、消化或者通过皮肤吸收。一旦化合物进入血液中,它就会分解为小一些的分子,叫作代谢物。这些代谢物实际上就是有毒的麻烦制造者。它们足够小,能够被细胞吸收,包括最重要的脑下垂体腺体细胞。脑下垂体是内分泌系统的里昂纳多·伯恩斯坦,这一腺体可以说是复杂的交响乐队指挥,控制着其他腺体和细胞的荷尔蒙分泌。DEHP占有一席之地,立即就扮演起任性的小提琴手,演奏了一个明显不属于这里的失调乐音。在所有这些干扰中,其代谢物阻止脑下垂体分泌指示睾丸分泌睾丸素的荷尔蒙。当这一切发生在生长发育的敏感期时,整个身体的睾丸素水平会直线下降,同时会促发一系列影响——至少在发育期的动物会是这样。

例如,环境保护机构的研究人员将DEHP和另一种常见的邻苯二甲酸盐DBP,注射给子宫中正处于性别分化时期的雄性老鼠,以前的研究集中于其他的发育阶段。科学家们发现,化学物质能够导致胚胎的生殖系统发生极大改变。新生的小鼠更容易患隐睾或睾丸缺失、睾丸素水平低、精子数量少。它们也易于患肛门与阴茎间距离短的症状、尿道下裂(在阴茎上有非正常的尿道开口)以及其他畸形情况。这些症状非常令人震惊,研究者给它命名为邻苯二甲酸盐症候群。在进一步的研究中,他们发现受损害的老鼠在后来的生活中更易于出现生育问题以及发生睾丸癌。尽管这种影响多出现于雄性,研究者发现雌性小鼠也会受到DEHP暴露的损害,卵巢会产生囊肿并导致停止排卵。

正如寇本所预言,问题在于暴露的时机。环境保护机构的研究使用了计量相对大的邻苯二甲酸盐,但其他的动物研究发现即使使用非常少量的DEHP,如果在生长发育的关键时期给药,也会减少精子的产生,诱发早熟,以及其他的微妙异变效应。这就是我们所说的"有点儿塑料化"所引起的重大问题。

在老鼠中产生的效应也可以在人类生殖健康的广泛趋势中反映出来。流行病学家在图表中标明,在许多西方国家男性不育症、睾丸癌、睾丸素水平降低、精子质量的下降等问题都有上升趋势。根据一些研究表明(尽管不是全部研究),从20世纪60年代开始,出生就患有尿道下裂的男孩急剧增加,同期患有隐睾症的男孩数量也上升了。同时,几个研究报告表明女性中的不孕比例也在上升。在这期间,随着DEHP和其他邻苯二甲酸盐的生产和使用的不断增长,人类暴露在它们中的情况无疑增加了。其结果是,根据疾病控制中心的生物监测研究表明,至少80%的美国人,不论年龄和种族,从城市居民到偏僻的乡镇居民,现在身体中都含可检测到的DEHP和其他邻苯二甲酸盐的痕迹。研究人员还在血液、尿、唾液、乳汁和羊水中检测到了邻苯二甲酸盐,这意味着人类从子宫开始的生命中各个阶段都被暴露在这些化学物质中。这些化学物质能够迅速通过人体排出,但由于我们不断暴露在这样的化学物质中,因此我们身体系统中化学物质的总量并不随时间的变化而产生较大变化。我们的细胞正在不断受到低量的化学物质的攻击。

我们都不会暴露在使老鼠致死这样恶劣结果的DEHP剂量之下。然而,我们中的许多人每天对其摄入量仍然超过环境保护机构所建议的每日限量,这一限量是在1986年制定,是基于人们关注内分泌干扰素概念之前很久所做的研究而制定的。有一些暴露在最高量化学物质中的人恰恰是最需要远离荷尔蒙干扰素的人,如儿童和处于怀孕期的妇女。所有研究都表明,儿童体内所含邻苯二甲酸盐量比成人高,这可能是由几个因素造成的,包括他们对化学物质的新陈代谢速度更慢。就每千克体重而言,他们吃、喝和呼吸量更大,也更易于把聚氯乙烯玩具放入口中。一位研究者告诉我她曾发现一本味道特别大的聚氯乙烯婴儿洗浴书名为《泼洒耶稣》。这种发现直接导致国家毒物学项目组的专家小组在2006年做出结论,有理由"担心DEHP"的暴露会影响1岁以下男婴的生殖发育。

但是遭受最大风险的群体是在新生儿特护病房中接受治疗的新生儿。研究表明，像艾米一样用点滴袋和导管接触几个星期的婴儿可能最终会吸收比同代人高出上百甚至上千倍的DEHP量。如果她需要输血或者后期必须连接心肺呼吸机用以促进体内血液中的氧循环的话，她所受的化学影响还会更大。这种机器通常用于有严重呼吸问题或者经历心脏手术的婴儿。它们是救命的机器，但它们也会输送大量的DEHP，国家儿童医学中心的儿科血液学家奈欧密·鲁本这样说，她与修特共同工作并一直关注着塑化剂的风险。输送的血液从血袋中带来DEHP，但同时还有另一个问题。当血液在心肺呼吸机中运行时，它会流过十几米长的塑料管线和一个塑料膜，它们都会释放DEHP。一个病重的婴儿经过这种加护治疗最终会吸收比所认定的人体安全摄入量高出20倍的暴露量。实际上，任何年龄的人经历肾透析和输血这样的过程都会被大量暴露在DEHP中。

因为这些新生儿是未发育完全的，化学物质对他们的荷尔蒙影响可能更大。他们的大脑和器官的细胞障碍更容易被渗透。再者，他们不具备成人或者大孩子清除身体系统自身化学物质的能力，这意味着化学物质会在体内循环很长时间，这增加了伤害的风险。

正如美国疾病控制与预防中心指出，血液和尿液中所出现的DEHP或其他任何化学物质并不意味着它具有健康危害性。最大、最难的问题是我们日常暴露在其中的小剂量化学物质是否足以影响某些人的健康。我们可能都有点儿塑料化了，但这并不意味着我们所受的影响相同。一些个体，如新生儿特护病房中的婴儿，可能面临更大的风险，这是由于他们的摄入量和摄入阶段。因为研究者不能对人类像实验室中老鼠那样做试验，从而找出引起不良影响的情况，我们现在也可以看作是正在经历广泛的、不受控制的试验受体。但是当我们正穿过被称为现代生活这个巨大的塑料实验室时，我们也并非一无所知。流行病学研究调查向大量人群提供了搜集证据的间接方法。罗彻斯特大学医学和牙科学院的生殖流行病学家莎娜·斯旺就进行了好几项这类研究，她的发现表明我们中的某些人确实会因为有点儿塑料化而付出代价。

在一个研究中，她在134名怀孕妇女体内测定邻苯二甲酸盐的含量，此后又认真检查所出生男婴的生殖器。她发现邻苯二甲酸盐体内含量最高的母亲所生的男婴有轻微却明确的症状，这与老鼠试验中看到的邻苯二甲酸盐综合征相呼应。他们更容易患隐睾症、阴茎短小，以及肛门与阴茎间距离过短的疾病，这一症状在老鼠试验中被认为是胎儿睾丸素降低的特征。斯旺强调说："这些婴儿并没有医生认定的不正常特征"。但是从试验中对暴露在化学品下老鼠的长期影响来看，她认为即使是这些微小的变化所具有的一些症状也会影响男孩日后的生殖发育。

斯旺决定观察抗雄性素会对发育中的胎儿有何其他影响。男性的生殖器并非人体中唯一受睾丸素影响的器官。与雌性激素一样，荷尔蒙也在人体内循环，影响男孩和女孩们的新陈代谢、生长、行为认知，以及其他荷尔蒙的活动。斯旺喜欢这样说："大脑是最大的性器官，它也在睾丸素的影响下发育"。

一般来看，大脑中的睾丸素水平会在发育的某些关键时期上升很多，这被认为在性别区分的过程中起着决定性作用。研究表明当怀孕的老鼠暴露于阻碍荷尔蒙升高的药品中时，它们的雄性后代不会像未受暴露的小鼠那样善于进行打斗等行动。

带着她的发现，斯旺又回到她以前研究过的家长和孩子们中间。这些孩子现在是学龄前儿童。为了研究，她让父母们填写他们孩子们玩耍方式的详细的调查问卷。她要求他们评估他们的孩子玩玩具，类似娃娃或者卡车，以及孩子搭楼房或者打架的频率。那些在胎儿期间暴露在邻苯二甲酸盐DEHP和DBP的男孩子在一些典型的男孩游戏，如假装射击中得分最低。他们更喜欢中性的游戏，如拼图。女孩并未显示出不同的结果。

这种发现可以说是作家最喜欢的头条。一份澳大利亚报纸宣称："常用的化学品使男孩更温柔。"但斯旺所报告的并非是对大男子主义攻击性的解决方法。她所描述的是男孩大脑中的微妙变化，因此他们以"非特质性的男子方式"进行玩耍。这只是一个小的影响，却有潜在的深刻含义，因为睾丸素、雌性激素和其他荷尔蒙用于塑造男性与女性的大脑，使两性大脑发育和看待世界各有不同。

两个研究都需要反复证实。但是由于发现邻苯二甲酸盐能够影响两种完全不同的身体系统，斯旺问道："我们为什么只假定影响仅限于两种系统？我担心只要是身体中睾丸素起作用的地方都会有变化，而这些地方相当多"。

其他流行病学的发现证实了斯旺的担忧。很多小的研究发现暴露于邻苯二甲酸盐中与肥胖症、早熟、过敏、注意力缺失型多动症以及甲状腺功能改变有联系。大多数研究集中于男孩。但一些研究也表明女孩也会受到睾丸素下降的影响，或者对雌性激素水平尚无法描述的影响。一些研究者认为化学品会抑制女性雌性激素的产生。斯旺说："我们都在努力降低它对女性的影响，但这很难，因为女性的生殖系统是看不见的。而男性更易于研究，因为它在外面"。一些少量的研究仍然发现了邻苯二甲酸盐水平与子宫内膜异位、流产、子宫肌瘤和乳房发育早熟相关。

DEHP对荷尔蒙的影响可能不是唯一的问题。2010年的一份研究表明，在很小的婴儿中,化学品可能会干扰控制发炎的细胞系统,这是身体与感染做斗争的部分方式。其他研究也将DEHP和免疫系统及呼吸问题联系起来,并持续对其对肝脏的毒性进行警告,特别是对那些在特护病房中由于接受治疗而遭受暴露的早产婴儿。德国研究者证实,受到精心照料,且通过含DEHP的点滴袋输液的孩子比点滴袋不含这种化学物质的孩子更容易患上某种特定的肝脏问题。

这些听起来都是相当有力的证据,是吧?但是科学家们很少给予回击。考虑一下DEHP最终会造成的结果:分泌睾丸素的睾丸中的细胞。老鼠实验中多次发现DEHP会破坏那些细胞。但是老鼠是所有被测试的物种中对邻苯二甲酸盐最敏感的动物。近年对于年幼的绒猴进行的有关灵长类动物的研究没有发现这种影响。这是否意味着灵长类动物,即和我们最有亲缘关系的动物,对这种化学物质不像啮齿动物那样敏感吗?或者说进行试验的绒猴已经超过了对这种影响比较脆弱的年龄了吗?研究者仍在讨论这一问题。同样,流行病学发现关于精子质量的研究结果也不一致:一些研究表明精子质量与邻苯二甲酸盐含量相关,一些则没有。

如果要进行研究找出明确的答案,这种工作既困难又昂贵。例如,修特和鲁本医生一直想进行一项研究,跟踪研究由于使用心肺呼吸机而大量暴露于DEHP中的婴儿。修特说:"如果它对某些人群的生殖系统有长效的影响,就应该是这些孩子。如果反馈回来的结果是否定的,这些工作也就可以告一段落了"。他们进行了一项小型研究,他们找到并测试了18位在婴儿时期曾经历过在新生儿特护病房中使用心肺呼吸机的青少年。其中没有一人出现生殖系统的问题。但从这么小的群体中并不能得出任何有效结论。统计表明,如果要得出有效结果,至少需要250名儿童。修特和鲁本估计至少要花1 000万美元来跟踪和测试这么多存活者。他们写了一份关于进行这一研究的提议,但是国家健康研究所和私人公司都不愿进行投资。修特说:"那个1 000万美元的价格实在是拒人千里啊"。

鲁本又说:"但是,朋友,要是能得到答案真是太好了"。

不断的不确定性是研究DEHP和其他邻苯二甲酸盐的专家组得出不同结论的原因之一,也是几乎每份研究论文都以相同的语句,需要更多更好的研究作为结语的原因之一。

研究中最大的问题是对真实世界中化学物质暴露的量的研究。一个人一次并非只暴露于一种化学物质之中,每天我们都遇到上百种化学物质。而且化学物质的轰炸甚至在出生前就开始了。由环境工作组这一组织进行的研究发现,在10名新生儿的脐带血中平均含有200种工业化学物质和污染物。它们叠加的效果会是如何呢？研究者刚开始进行这一问题的研究。早期的发现已造成人们的担忧。

厄尔·格雷是发现邻苯二甲酸盐综合征环境保护机构的研究者，他通过老鼠测试了各种邻苯二甲酸盐混合物。他每次特意使用低浓度的化学物质，大大低于单一使用所能产生效果的剂量。然而当他把还在子宫中的雄性老鼠暴露于混合物中时，有多达50%的老鼠出生后出现尿道下裂或其他生殖系统畸形问题。经混合后，这些化学物质远比单一化学物质更有力，他说，这表明在同一荷尔蒙路径中起作用的化合物具有累积效应。

研究者说我们需要更多模仿人体暴露于化学物质之中的这类研究。斯旺和其他人希望有更多对于怀孕妇女和孩子的研究，从而取得化学物质产生影响的长效图景而非孤立的片段。这正是近期开始的一项研究目的：国家儿童研究机构会跟踪10万个从出生到21岁的美国孩子，用来分析环境的影响，包括暴露于邻苯二甲酸盐和双酚A中对健康的影响。

如果DEHP和其他邻苯二甲酸盐没有被证实不安全，这是否意味着它们安全呢？

可以想象，化学工业会坚持说它们是无害的。毕竟在生产线上有14亿美元邻苯二甲酸盐的市场啊。美国化学委员会的立场，就一位女发言人指出："DEHP医用器材的使用已经有50多年了，现在并没有任何经证实的证据证明它对人体有害"。委员会说，即使是在新生儿的案例中，治疗的好处也远大于暴露的风险。

美国化学委员会将警惕地跟踪研究，将那些没有不良反应的研究公之于众，并甄别出显示有问题的研究。它批评斯旺是使用了"未经证实的方法"，例如肛门与生殖器间的距离测量以及儿童玩耍的调查，并批评她方法上的错误，这一点她也承认，但坚持认为这并不影响她的最终结果在统计上的重要性。总的来说，美国化学委员会用不变的评论方式来指出缺点，这虽然准确但并不总是有意义。经常引用的评论有：样本量太小；老鼠并非研究对人类健康危害的良好样本；动物研究中所用的剂量比人经受的剂量要高很多；所列举的健康影响不一定有害。几乎无一例外，当流行病学研究报告某种危险与邻苯二甲酸盐相关，这一组织就会发布新闻指出研究显示只是相关，并没有因果关系的证据。这很对，但那恰恰是流行病学研究该做的事情。流行病学强调的关联性一直是评估公众健康的黄金标准。

坚持关注每项研究的缺点以及不明之处，每项研究都是对逐渐令人担忧的、对身体有害的物质剖析。吹毛求疵只是试图扩大科学本质中的不确定性。这是直接从烟草工业中取得的策略，尽管令人难以置信，却是由雪茄制造商布朗和威廉森的一位主管于1969年向报社承认的："疑问是我们的产品，因为这是与存在于大众头脑中的'事实主体'斗争的最佳方式"。

正如斯旺和其他人所指出的，从没有一个研究"证明"吸烟导致了肺癌。只有结合活体、动物和人口的研究才能揭示出烟草的危险。一系列的流行病学研究指出了这种危险，促使卫生局局长在1964年发布了其著名的警告。在后来的四十几年里，研究者们艰难地通过细胞和动物研究，拼接出烟草是如何诱发肺部肿瘤的生物机制。同时，烟草业也花费数十年时间来否认其中的关联。

科学可能不会在很短时间内对内分泌干扰素给出清晰明确的答案。那么难道我们要等到像艾米这样的孩子长大了才能发现DEHP暴露的危险吗？难道我们要等看到她出现肝部疾病，过早进入青春期，或是孕育孩子有困难吗？还是我们已经到达这一阶段，有足够的证据能够谨慎采取措施？我认为我们已到了这一阶段。然而我们目前控制化学物质的体系使之很难操作。

我们没有连贯和全面的法律来管理我们日常生活中遇到的化学物质。相反，我们有国家和州法律拼装出来的非常弱的、不协调的法律。联邦对化学物质的规定被划分在不同机构中，这导致片段的、不一致的政策。例如，环境保护机构宣布将采取一些步骤来限制邻苯二甲酸盐的使用，其中包括DEHP。然而，食品和药物管理局仍然认定这种化学物质所带来的好处要比危险大，因此仍然忽视对其在医疗器材上限制使用和要求在医用产品上表示所含化学品的要求。食品和药物管理局目前的唯一行动是在2002年的报告中，建议医院不要对怀男孩的妇女、对男婴，以及对未成年的男孩使用含DEHP的器材。食品和药物管理局以及环境保护机构的规定都滞后于科学对于化学品危险看法的变化。例如，两个机构仍然将它们对于化学品安全性的评估基于一次一种化学品的研究上，而不是看它们的叠加效应。

但还有一个更大的问题：美国法律倾向于将化学品视为安全品直到能证明它不安全为止。调解人员需要找到作家马克·夏皮罗所说的"科学上不可能的确凿证据"后才能将有嫌疑的化学物质清出市场。这种方法的确定在主要的联邦法律对人造化学品的规定《有毒物质及控制法案》中有清楚的表述。法律制定与1976年它赋予环境保护机构要求测试及限制化学物质的权利。然而该机构几乎没有机会实施这项权利。当此法律通过时，在使用中的6.2万种化学物质已取得化学物质测试的豁免权。此法规使环保机构被限制在一个22号规定中：他们需要提供暴露和伤害的证据之后，才能要求生产商对化学物质提供更多的信息，但如果没有那些信息，他们怎样才能提出化学物质有害的证据呢？缺乏证据，执法者就无法采取行动。所以1976年后有2万种化学物质开始使用，环境保护机构只取得其中200种的详细报告，并只用其权利限制其中5种的使用。由于门槛太高，此机构甚至不能成功限制使用石棉这种毫无争议的致癌物质。约翰·沃高这位化学政策专家写道："这意味着商用的、几乎大多数化学品都没接受测试来确定它们对环境的影响和对人体健康的影响"。

那些化学品都有危险吗？这很难说，但环保机构说其中至少有1.6万种，由于其高产量和化学性质，具有潜在的、令人担忧的因素。同时，欧洲的执法机构估计在新的化学品中有70%具有危险的性质，范围包括从致癌性到可燃性。

每个关系化学政策的人、环保机构的领导、环保组织人员，甚至美国化学委员会，都认为现在的法律不是指导在我们目前化学领域行动的好载体。然而大家一致同意采取其他的方法却是另外一回事（正如在2010年中期在国会中所辩论的改革法案曲折通过的例子一样）。主要的争论点是美国政策制定者开始将欧洲看作规范化学工业的典范。

在欧洲，需要证实安全性而不是危险性。欧洲的监察机构"是以即使科学上有不确定性，仍然要在危害发生前进行预防为原则"。以这种预防的原则为指导，当美国监管者还在继续讨论其危险性时，欧洲人已开始限制DEHP和其他邻苯二甲酸盐的使用了。例如，欧盟在1999年禁止在儿童玩具中使用DEHP，这比美国议会通过相似的立法提前了9年。一份名为"到达"（意思是注册、评估和化学品授权）的规定在2007年开始使用，要求测试新使用的化学品和已经在使用的化学品，制造商必须证明它们可以被安全使用。实施"到达"的机构将DEHP定为需要管理的15种"高度关注"的物质之一。根本上来看，欧洲管理者是按照美国管理者对待药物的方式来对待化学品：除非被证明是无害的，否则会假定它有害。美国制造商已在欧洲市场销售经改良并符合其警戒原则的产品。美国公民难道不应该要求他们自己也采取同样的措施吗？

有些州已率先采取行动。在2008年，加利福尼亚州通过了更安全的标志性化学品立法，要求州收集有关化学毒物的数据，限制使用最危险的物质，并鼓励研发更安全的替代品。这一法律扩大了马萨诸塞州所采取的方法，该州从1989年起要求使用大量有毒材料的公司公开其使用，开始探索危险化学品的替代物品，并推动公司转向更安全替代品的使用或使用更少量危险物质的计划。

然而，某些州的努力无法替代全面的联邦保护。耶鲁大学教授约翰·沃高令人信服地提出我们所需用的是全国"塑料控制法"。他指出议会已通过法律来规范其他健康和环境风险，如杀虫剂、药物和烟草。为什么不对塑料采取同样的措施？这些材料触及每个美国人的生活？他建议推行全面政策，在很多政策中包含上市前对塑料品中所含的化学物质进行更严格的测试，强制表明成分，严格禁止对人体健康造成危险的化学品和化合物,或者不会很快分解为无害物质的该类物质。

当然,很可能会把安全门槛定得太高或太低。塑料在医疗和其他领域已证明会带来收益。建议一些无法达到的标准(要求物质被证实绝对无危险)可能会造成我们现在所经历的同样"通过分析造成瘫痪"的管理问题。但是当有充分资金支持的研究表明有害的极大证据时,如果我们没有采取行动制止这种潜在的危险化学品的使用,特别是当有替代品的时候,我们就是背叛了我们的后代。

谁有采取行动的责任呢?迈出第一步的通常是对此关注的普通人,像宝拉·萨弗里德。在20世纪90年代初,萨弗里德是波士顿的布里罕女子医院新生儿特护病房的一位护士。除了看护婴儿,她还负责为单位订购用品,这使她有机会经常与销售医用设备的商人交谈。她开始听到了用于处置患儿的塑料点滴袋和导管的闲言碎语。真正使她留意的并不是有关DEHP会造成潜在生殖影响的任何事情。而是她听到一位商人说DEHP与肝部损伤有关。这使她想起多年前她照顾的一位婴儿,他是一对早产双胞胎之一。另一个婴儿死亡了,但这个男婴活下来并在布里罕的新生儿特护病房待了数月,接受通过聚氯乙烯点滴袋和导管进行输血,输蛋白、脂类和静脉养分。萨弗里德很惊讶地看到他变得强壮并出院回家,但最终却由于患上肝癌而恶化,在3岁死去。她知道他有肝病,这在长时间接受人工养分的早产儿中是一种常见的并发症。然而,萨弗里德对此仍感到困扰,因为这可能是由于新生儿特护病房的工作人员为了挽救他的生命所做的事情,可最终却也结束了他的生命。

她说:"从此我就开始对塑料感兴趣"。她开始要求商人提供产品的成分,并敦促医院管理者购买不含DEHP的点滴袋和导管以及其他设备。此时,替代品很少,而且更昂贵。但是萨弗里德仍然不断要求院方这么做。

她并非唯一一个这么做的人。在同一时期,一个环保团体联盟开创了一个新的组织,"无害健康保护组织",旨在促使医院停用含有塑化剂DEHP的聚氯乙烯点滴袋、导管和其他设备。这些活动是另外一项更大的宣传活动的结果,目的是使医院全部停止使用PVC,因为排放含有PVC的医疗废物已使医院成为排放二氧芑的主源。根据无害健康保健组织创始人盖瑞·寇恩所说,发现这一事实是"不可思议的、具有讽刺和教育意义的时刻,因为如果要使经济排毒,就应该从那些宣誓不做伤害的人开始"。

此团体的组织者开始与全国的医院讨论关于DEHP的危险性,很快就赢得了像布里罕这样的大学附属医院的支持,以及凯瑟医护和西部医疗的支持,这两家医院甚至宣誓从他们的医疗设备中完全清理PVC和添加物DEHP（凯瑟医护甚至用替代材料取代聚氯乙烯地毯和地板）。2010年，在美国的5 000多家医院中，有大约120家公开在无害医疗运动中签字。

布里罕新生儿特护病房是全国第一批采用PVC替代材料的单位，护士们将此归功于现已退休的萨弗里德。新生儿特护病房的助理经理朱利安·马萨威骄傲地说："我们所有的产品都不含DEHP。"当时她给我看了一包装有纤细的点滴导管，上面有显著标签标明。食品和药品管理局现在还不要求标明，但一些生产商已走在前列并自己在产品上标示。

但真正促使医疗市场变化的是"无害医疗组织"成功与大约6家代表全国大多数医院大量购买用品的组织建立联系。这些集团购买的组织具有操纵市场的强大力量；当他们开始要求找到PVC和DEHP的替代品时，医用品生产商就会静静地倾听。

现在大多数主要的医疗器材供应商所提供的产品，特别是许多种点滴袋，导管和新生儿护理器材，都不含DEHP和PVC。一些供应商，如百特，已使用了替代品，但仍在为PVC和DEHP的安全性辩护，这使他们的宣传手册有某种精神分裂的特质。其他供应商早就快乐地采用了这些新方法。始于20世纪70年代，伯朗公司（现名为伯朗·麦克高公司）的领导就看到了开发PVC和DEHP的替代品这样一个新兴市场。它主要使用常用的塑料聚丙烯（制作瓶盖、一次性尿布和整体椅的材料）。为公司进行药品测试的副总裁戴维·修克说："聚丙烯是比聚氯乙烯更清洁的材料，因为它不含氯，它也不含塑化剂"，因此不会有泄漏。他说安全测试表明，这种树脂对荷尔蒙没有影响。公司仍然用玻璃容器来为婴儿进行静脉输送养分。其他公司用其他种类的塑料品如聚氨酯，类似聚乙烯的聚合物和硅树脂，他们认为这更安全而且不需要使用化学添加物。

同时，添加物的生产商也找到了替代品，表面上看比塑化剂安全，可用于软化PVC。至少有4种已用于儿童产品，包括基于柠檬酸而制成的化合物柠檬酸盐。这些产品好多年前就可获得，可是却很少使用，这是由于它们比邻苯二甲酸盐更昂贵。另一种可用于替代的化学软化剂叫作无毒增塑剂，是由巴斯夫公司推出，它是全球领先的邻苯二甲酸盐制造商。巴斯夫的发言人派翠克·哈尔蒙说，公司花了700万美元来测试其安全性，并对它的安全"非常有信心"。尽管美国制造商还没有采用它，他说在欧洲它已应用于玩具、食品包装和医疗器材上了，包括用于为早产儿输送养分的点滴袋和导管。

尽管替代材料和添加物不断增加，我却很惊讶地发现它们只占到医疗市场的四分之一。有很多医院甚至是新生儿特护病房，都仍在使用包含PVC和DEHP

的设备。对使用新产品小心谨慎这一点是可以理解的,最好还是先使用你了解其危害的产品。而且市场化的一个事实是替代品费用更高。没有联邦的命令食品和药品管理局的警告只是一种建议而已,不难看出缺乏资金的医院不情愿进行改变的原因了。

修特说,国家儿童医院新生儿特护病房已经做了尽可能多的改变。婴儿们能够通过非PVC袋中获得养分这是个重要的改变,因为那些含油脂的液体特别容易将DEHP从聚氯乙烯中吸走。但是修特说她还未找到满意的替代品来代替这些袋子的导管或者常规的点滴袋和套装,以及照顾婴儿艾米所用的导管。她用手指搓着艾米身体内那令人难以想象的,进入她极小静脉中非常细的导管,同时解释说:"导管必须非常柔软"。

也有一些应用仪器还无法找到替代品。心肺呼吸机仍然只用含有DEHP的聚氯乙烯导管。具有讽刺意味的是,最初引发这场严格审查的血袋也是这样。经证实,DEHP能够用于保存红细胞,防止它们破碎。美国红十字会的发言人盖瑞·莫瑞夫说,对于许多血库来说,DEHP从袋中渗出是好而不是坏。他坚称没有其他塑化剂能做的这么好。

当我告诉鲁本莫瑞夫所说的话时,鲁本带着一种明显的愤怒口吻说:"那是由于没有人评估它们!"她很久以来就对血库方那种不愿改变和明显对进一步调查DEHP潜在危险缺乏兴趣的态度感觉很受挫折。但她也承认改变用于血库的基础材料将需要"耗费天文数字般大量的工作、时间、努力和金钱"。现在的警报声音还不够大,不能够刺激在血库领域的任何人进行如此巨大的一项工程。

邻苯二甲酸盐的替代物比它们所替代的化学物质更安全吗?人们当然希望如此。增塑剂DINCH已通过欧盟监管机构的审查,而且柠檬酸盐似乎有更安全的记录。但是如果缺乏可靠的方法来评估化学品的风险,没有化学品预警政策的话,就没有办法确定今天所采用的替代品会不会成为明天的DEHP。

市场并非保护广大公众利益的可靠力量。它们会对公众压力做出反应,但公众并不总能施加压力。我们将在一个不完美选择的世界中前行,直到美国能够制定出更严格的法律用于在灾害发生前进行预防为止。例如,即使那些新生儿特护病房已大量清除了DEHP和PVC,那里仍然有基于其他塑料品的风险。在一次对不含聚氯乙烯的布里罕新生儿特护病房的研究中,研究者们发现婴儿尿液中含有双酚A。根据病房主任及此项研究的作者之一斯蒂夫·雷格尔所说,其来源还不清楚。但由于双酚A的广泛使用,来源的可能性就很多,包括聚碳酸酯的保温箱,装给婴儿吃的脂类食物的塑料容器,甚至是喂给婴儿的母乳中。

如果证实母乳是重要来源的话,医院又能做些什么呢?

雷格尔说:"我们干预的机会非常有限"。婴儿可以用配方奶来替代喂养,但从双酚A所带来的不确定的长期风险和立即可见的母乳喂养对健康的好处来看,他说,"我认为我们还是会选择母乳的益处"。

当然,即使市场的压力能够从医药环境中成功地完全清除像双酚A和DEHP这样的嫌疑化学品,我们仍然会在日常生活的各个角落遇到它们。几乎无法逃离塑料泡泡的世界。

当我考虑我们生活的塑化程度如何时,我发现如何对待新世界的风险这一点让我感到很困惑。这是我询问我所采访到的研究者他们是如何对待塑料品的原因。

我知道有些博客博主和网站都在敦促全面放弃塑料制品,我对于专家们温和的反应感觉很奇怪。裘尔·提克纳是麻省大学洛威尔分校环境健康学的副教授,也是一位DEHP的长期批评者,他的反应很典型。他解释说:"我会尽可能小心,但我并不过分关注"。当他孩子小的时候,他让他们玩聚氯乙烯挤压式玩具,即那种含有邻苯二甲酸盐的典型产品,但并不玩很多时间。他使用保鲜盒、塑料包装和塑料袋,但他并不将塑料器皿中的食品加热或用微波炉加热,因为那会加速聚合物的分解(每个专家最少都会采用这种预防措施)。提克纳将孩子的双酚A,即含聚碳酸酯的水瓶替换为金属瓶,但他自己用塑料瓶并不担心。他对于家人吃的罐装食品量很小心,避免双酚A,但并不禁止罐装食品出现在厨房中。当他儿子做疝气手术时,他检查点滴袋和其他设备中是否含DEHP。结果证明不含,但即使它们含有邻苯二甲酸盐,提克纳还是会很乐观。这只是一次性的过程,而不是持续的治疗,其益处显然超过了风险。提克纳说:"你应该尽力做好,但要牢记并没有简单地答案。我宁愿改变规则以使人们不必为此担心,也不愿花掉全部时间去为此担心"。

五

放错地方的东西

与许多孩子一样，我在小的时候也会为漂流瓶中的信息而着迷。这种长距离的联络方式有着某种吸引人的不确定性却令人感觉亲切。想着你能从美国海滩发出一封信件，后来在中国、坦桑尼亚，或爱尔兰被某人拾起，这使得广大的世界突然变得更小也更容易交流了。大洋连接了你我。

当我和一位研究人员谈论夏威夷东北一片遥远的太平洋海域时又使我想起了这一点。很久以来，这一地区被认为是一个无风的地区，即使水手们都极力避开。这一地区开始引人注意了，这是由于这里出现了巨大的塑料垃圾涡流。这位研究者和他的同事们去那里调查，他们要了解这个被称为垃圾区域的地方情况究竟有多糟糕。他们每天在清澈的海水中拉两次网，每次都能捞到塑料，大多数是无法辨认的碎屑。但有一天，网里装了一个透明的塑料一次性打火机。打火机情况良好，你甚至可以看到它侧面印的地址。他告诉我在他的实验室网站上有这张照片。

我看着照片并仔细辨认上面的文字——上面印有中、英两种文字，我最终认出那是一个中国香港的地址和电话。我有种感觉好像找到了瓶中的信息，我决定给这个号码打电话。

结果是这个电话属于一家销售和分销中国酒的公司。埃里克斯·岳是这家公司一位非常耐心的办公室经理，他接到我的电话感觉非常遗憾，他并不了解这种促销用的打火机，公司也从未分发这种打火机。但这也可能是以前做的，他指出，打火机上印的地址是公司多年前的所在地。他说："我不知道它是如何进入海洋的，这很奇怪"。

但实际上，在塑料时代，这种奇怪变得非常普遍：一只设计为几个月寿命的打火机能够很容易在海洋中漂流很多年，甚至漂洋过海。一只被抛弃的打火机可能着陆的地点之一是中途岛环状珊瑚岛，它是夏威夷群岛中的一个小岛。中途岛是第二次世界大战中历史性的一个地点。今天它在经历着一种不同的攻击，每次风浪都将不同的垃圾冲到那里。每年志愿者能够在它的白色海滩上收集到成吨的碎片，他们已收集到成百上千的海滩打火机。

中途岛也是黑背信天翁的家。这是一种令人印象深刻的鸟类，站立时身高接近0.91米，展翅可达身高的2倍，宽大的翅膀使得这些鸟在每日捕食中能围绕中途岛飞越很远。有120万只黑背信天翁在环状珊瑚岛上筑巢，几乎每只鸟的肚子里都有一定量的塑料。一位专家说，这些鸟肚子里装的塑料"能够装满便利店的收银台。"

约翰·凯维特尔是美国鱼类和野生动物机构的野生生物学家，从2002年起，他就在中途岛工作，曾解剖过成百上千只死去的信天翁。他经常能从中发现瓶盖、笔帽、玩具、鱼线、牡蛎厂用的塑料管以及打火机，这些都是在鸟儿捕食鱿鱼和飞鱼卵时无意中吞下去的。凯维特尔又接着说："还有各种塑料片，你无法分辨是什么"。在解剖中搜寻鸟的肚子时，经常会听到一种令人恶心的塑料的叮当声。一只死掉的小鸟肚子里有超过500片的塑料，包括一个橄榄绿标签，这一标签可以追溯到一架距此地超过9600千米远的，在1944年被击落的美国海军轰炸机上。

一个世纪以前，对鸟类来说最大的危险是猎取羽毛的人。今天，最大的威胁是塑料。最脆弱的是小鸟，它们必须依靠父母来获得营养。一般来说，父母会将从海上捕来的鱿鱼和鱼卵经反刍喂到小鸟的嘴里。但从20世纪60年代起，科学家们发现鸟类带回巢穴越来越多的塑料。凯维特尔说："如果你坐下来观察父母喂食小鸟，你会看到它们把很多塑料喂给小鸟"。在一次长达两个月的清洁鸟类栖息地的过程中，志愿者们收集了1000多个一次性打火机。

信天翁幼鸟的死亡是很常见的。在每年出生的50万只幼鸟中，大约会有20万只死掉，大多数是死于脱水或饥饿。但现在有一个新的因素也会导致鸟类的死亡——逐渐增加的人工合成食品。当它们的肚子里塞满了塑料碎屑时，小鸟们就不能吃喝了，甚至无法感知身体是否需要食物或水。在一项由环境保护机构资助的研究中，研究者发现死于脱水或饥饿的小鸟体内所含塑料是其他死因小鸟的两倍。有时塑料也是鸟的直接死因，当小鸟吞下一片锋利的塑料时，塑料会刺穿肠胃，或者由于塑料片太大而堵住食道。

当鸟还活着时，凯维特尔通常无法了解它是否受到塑料的影响。鸟通常不会有痛苦的表现,由于它们的胃能够处理无法消化的物品,如鱿鱼的喙,它们经常会将吞下去的塑料反刍出来。但一次他看到一只成年的信天翁试图咳出一片显然是卡在喉咙里的塑料片。他抓住那只鸟并按摩它的喉咙,以便小心取出一个儿童提桶所用的白色把手。黑背信天翁只是世界上被塑料所杀死或者伤害的260多种动物中的一种。凯维特尔接着说:"在信天翁身上我们所看到的事情也发生在食物链的下层"。大大小小的鱼,甚至硬币大小的水母都会吞下塑料。"一想到这种情况还会扩展到何种程度就令人恐惧"。

我曾看过几十张死去的黑背信天翁的照片,这些照片最彻底地展示了塑料对自然界的威胁。每一个尸体好像都是对大自然秩序的一种嘲弄,在一堆鸟形骨架和羽毛的碎屑当中充满了各种颜色鲜艳的打火机、吸管和瓶盖。鸟正在解体回到大地,塑料则一定会延续几个世纪。

你可以画一张直接的关系图,标明塑料逐渐增加的产量,以及人类对诸如一次性打火机这类一次性产品逐渐增长的依赖性,以及塑料对环境污染之间的关系。正如英国生物学家戴维·巴恩斯所写:"我们星球表面最普遍、持续时间最长的变化是塑料的聚集和破碎"。这一切只是在一代人中发生,真正是从20世纪60年代开始,一次性的时代来临了。

使许多塑料成为人类世界非常了不起材料的许多特征——质轻、强度高、耐用性强,也使它们在释放到自然界中时成为一种灾难。空气、土地、海洋中都有这些非常持久的材料的痕迹。我在家里后院的堆肥桶中看到了证据,新鲜的泥土中经常会出现一个小小的塑料条码标签,它们经常附着在蔬菜和水果上,如:油桃3576、鳄梨2342。许多标有有机食品的标签显得特别顽固。

塑料袋、塑料包装、塑料杯和瓶子会在世界各地的土地上掠过,从拥挤的市中心到遥远的乡村到处都是,既刺眼又危害野生动物。在过去一年里,我在金门公园内散步时曾发现了4个塑料打火机。它们即使是经过良好处置后再扔进掩埋场也会引起问题,泄漏出干扰内分泌的化学物质如邻苯二甲酸盐、双酚A,以及能够污染泥土、溪流和地下水的烷基酚。

但最令人担忧的是塑料对海洋的污染,海洋是全部内陆水路的终点。在那里,人们看不到,塑料却以令人惊异的速度在累积,附着在各种深度的海床上,遍及广阔的大海,如所发现的被抛弃的打火机所在的北太平洋地区。没有人能够确定在全世界的海洋中有多少塑料,我看过有人估计每平方千米有1.3万~350万片塑料。一位专家估计,每年有72.57万吨的塑料进入大海,这大约与每年从海洋中捕捞的鳕鱼量相同。研究者现在急于知道的一个关键问题是,是否塑料以及它所携带的毒物正进入食物链。我们的塑料垃圾最终又会回到我们的餐盘里吗?

研究者从20世纪60年代中期开始在海洋中注意到塑料的出现。随着塑料产量的提高,在过去的半个世纪里,塑料产量提升了25倍,此问题呈指数上升。同时,调查显示,海洋中塑料纤维量在英国各岛屿周围的总量上升了2~3倍。在日本海周围,海洋中塑料颗粒的总量上升更快,在20世纪70年代和80年代间各上升了10倍,在20世纪90年代,每2~3年就又增加10倍。而在一些地区,如北太平洋,此问题继续恶化,研究表明其他地区则保持稳定。例如,从美国东西海岸的拉网记录来看,近年来的塑料量并未增加。

然而,考虑到海洋中出现的大量塑料,这可能是最难处理和最使人惊慌的塑料污染了。英国石油公司在墨西哥湾的漏油事件表明这种对于深海极具灾难性的破坏很难修复。你能怎样开始清洁占地表70%的环境呢? 这是一片广阔的、无法律约束的荒野,它属于每个人,因此也不属于任何人。这是一个公海的典型悲剧,而且是一个可怕的悲剧,因为这种公海是海洋学者苏维亚·厄尔所说的"星球的蓝色心脏",空气中大部分氧气的源泉,比其他任何地方都多的各种动植物的栖息地。

几个世纪以来,海洋吸收了人类抛弃的很多东西。海洋碎片研究主任理查德·汤普森警告说:"我们要到达临界点了,即使不说不可能,也将会很难清除环境中的塑料碎片。随着塑料的生产以指数增长,除非我们改变方式,否则在10年或者20年后,我们就会面临严峻的问题"。

一次性打火机是典型的用过就抛弃的标志。这种观念开始于第二世界大战后的几年里,当时曾帮助盟军取胜的技术开始转向国内市场。一次性也不是一个全新的概念:在19世纪,当纸张变得便宜时,一次性的纸质衬衫领子就变得时尚起来,商店也开始分发纸质购物袋。但消费者大多数情况还是认为他们所购买的东西能够反复使用,即使坏了也可以修理。第二次世界大战后出现的新材料从本质上开始挑战这种观念。塑料品并非人们在家里可以制作和修理的物品。你怎么才能把破裂的特百惠塑料碗黏好呢? 它是否值得你这么做呢?

战后的几年里,塑料开始代替传统材料用于耐用品。但是很清楚消费者只能购买有数的汽车、冰箱和收音机。塑料工业认识到它的未来依靠发展新兴市场,而在聚合物科学上稳定的革新正在为其铺设一条发展之路。正如行业期刊《现代塑料》中所宣扬的那样,短寿命的应用这一市场是"极其巨大"。或者像1956年的一次会议中一位发言人直截了当地向一位塑料制造商说:"你的未来在垃圾车中"。

很快,所有为了战争时期艰难岁月所开发的经久耐用的材料都变成了和平时期短暂的方便材料。原来美国海岸防卫队用于救生艇的那种有极好浮力和隔离性的泡沫聚苯乙烯，现在在野餐杯和冷却器中找到了新用途；基于乙烯基而成的化合物萨伦，对于保护军方货物非常有用处，现在被重新安排用于短期保护剩饭菜；聚乙烯所具有的隔绝高频率的超凡能力被用于包装三明治和干洗衣物这类新的工作。

最初，这些产品很难销售，至少对于经历过大萧条，在战争时期抱有这样的信念"用光，用坏，对付用，没有也可以"的这一代人来说是如此。这种再利用的思维根深蒂固，以至于在20世纪50年代中期，当自动售货机开始售卖用塑料杯装的咖啡时，人们会把杯子收藏起来再使用它们。他们需要学习并被教育后，才会把它们丢弃。

人们很快吸取了经验，将大量新的一次性产品带回家，包括装龙虾的圆兜和尿布在内。有些权威人士认为尿布对于战后生育率的上升负有责任。《生活》杂志用一张照片庆祝它所谓的"一次性生活"，照片中一对年轻夫妇和一个孩子举着双手迎接从天而降的一次性物品——盘子、刀叉、袋子、烟灰缸、喂狗盘、提桶、烧烤架和很多其他物品。《生活》杂志曾统计，如果清洁这类非一次性东西，需要花去40小时，但现在"家庭主妇不需要麻烦了"。怪不得年轻的妈妈看上去如此快乐！我们对一次性生活适应得非常好，以至于今天有半数的塑料品都用于一次性使用的物品上了。

一次性打火机在这个一次性产品席卷市场的海啸中到来，它是心态改变的象征。拿盒火柴或者为打火机填充丁烷气根本不是什么繁重的任务。然而，即使是如此轻的负担也可以通过抛弃来使之变得更轻松。

一次性打火机在20世纪70年代初开始在美国流行起来，同期第一批塑料苏打水瓶也首次亮相，这比塑料购物袋要早几年。这种打火机是伯纳德·杜邦的创意，他是值得尊敬的法国家族中的一员，该家族从普法战争以来近一个世纪一直在制造和销售奢侈皮具和金属物品。他的公司制造可替换燃料匣的高端打火机。一天，杜邦手中拿着一个燃料匣，他突然想到，为什么不在燃料匣上安装一个简单的点火装置呢，再用塑料包起来，并将其做成低成本的打火机推向市场，如果燃料用尽，就可以抛弃它？1961年杜邦在法国推出了这种产品，几年后在美国上市，称之为"蟋蟀"。

几乎所有的吸烟者都喜欢这种被《纽约时报》称为"吸引人的随手抛弃"式打火机。《纽约时报》写道："蟋蟀是当代美国的象征，正如耐用的芝宝打火机是第二次世界大战时期艰苦年代的象征"。这吸引了已经在市场上成功销售一次性产品的其他两家公司，一个是比克公司，它从1952年起为世界带来了可一次性圆珠笔,另一个是吉列公司,它是第一家生产可一次性剃须刀片的公司。两家公司都从打火机中看到了另一种产品,就像笔和剃须刀,能够以低价生产,可以在战后如雨后春笋般兴起的便利店、自助杂货店和食杂店中销售。吉列买下了"蟋蟀"并扩大其产量,同时比克公司也推出了自己的打火机。在整个20世纪70年代,两家公司在残酷的市场竞争中针锋相对。但是吉列那只欢快叫着的虫子标志并不是比克公司的对手,80年代初,吉列挂出白旗将市场让予比克。到此时为止,世界范围内每年销售的一次性打火机已增长了6倍,达到3.5亿只。即使是不吸烟者都会被这种一次性的便利性所吸引。现在来看,消费者能如此之快地愿意从免费的火柴转向这些精巧的、需要付费的打火机上,确实令人吃惊。

这种打火机的到来好像是一个错误,因为吸烟是在喝马蒂尼酒的商谈时进行。然而,随着美国和西欧吸烟比率的下降,在世界上的许多地方,特别是亚洲,苏联,以及部分非洲地区和拉丁美洲,吸烟率却在上升。世界卫生组织在一份报告中悲观地报道,"今天全球烟草的流行比几十年前还要严重",该组织预测以目前的速度,到2050年,全球的吸烟人数将上升60%。

对于打火机行业的人来说,这是个好消息。比克公司现在在160个不同国家中都有市场,每天销售一次性打火机超过500万个。这只是比克品牌还不包括杂牌的一次性打火机,其中许多是在中国生产的。单从出口来看,中国在2008年售出价值7亿美元的打火机。

这样的产量能够解释为什么一次性打火机仍是一种常见的垃圾形式。实际上,一次性打火机确实比那些可以再利用和再循环的一次性物品更容易被人丢弃。一只一次性打火机存在的唯一一用途是点几千次火。一旦燃料匣的燃料用完了,打火机的寿命也就终止了。它不能用于其他用途,因为燃料的缘故也不能再循环,只能被扔掉。用于包住比克一次性打火机的塑料是一种属于坚硬的丙烯酸系列,它是20世纪50年代开发出来并用德林品牌由杜邦公司销售。这种塑料以其强度、硬度、抗磨性、不受溶液和燃料的影响而闻名。杜邦公司夸口说:"它是金属和普通塑料之间的桥梁"。这种类似金属的能力使之能够装燃料,也是比克公司选它做打火机的原因。制作这种塑料用于经受最严峻的考验。

那么当一个用光了燃料的德林匣被无意中扔到地上或者冲进海洋后,又会发生什么事情呢? 为了解答这一问题,我拜访了安东尼·安德迪,可能他是世界上研究环境中塑料问题的领先专家。他以此主题写了《塑料和环境》,这是一本被工业界和环境学家都尊崇的762页的大部头书。他的职业是聚合物化学家,安德迪在1980年开始对他所说的"塑料品的抛弃问题"感兴趣,当时他正在他的家乡斯里兰卡。他沿着小时候曾经玩耍过的海滩行走,却看到到处都是塑料袋、包装纸和其他碎片,他对此非常失望。他意识到工业化生产材料遇到了既耐用又是一次性的这种矛盾将是环境所面临的大问题。

像木头或者纸张这样的天然材料能通过生物降解而消亡,这是一个需要能够分解分子的微生物参与的过程,最后又将它们循环回碳和水。但安德迪指出,大自然经过数百万年才形成了能够分解一棵树或者一摊原油的微生物群。塑料的出现仅仅不到70年,能够分解这些巨型复杂的长链分子的微生物远没有形成。大多数塑料不是通过生物降解,而是光降解,这意味着它们会在阳光的紫外线照射下破裂。正如安德迪所解释,紫外线能够磨损和破碎分子键,将聚合物长链分解为小部分,塑料失去弹性和张力强度并开始破裂。塑料制造者却定期添加抗氧化剂和抗紫外线的化学物质来减缓这一过程,这就是不同产品的破裂速度不同的一个原因。

无论如何,塑料分解过程缓慢。在陆地上,打火机的塑料壳会慢慢光降解:在大约10年内,闪亮的外壳会变得暗淡,外壳会变得易碎,破碎成越来越小的碎片,直到最后变为粉末状的聚甲醛分子。最终长的分子会破碎成小的部分,微生物能够分解它们。那要花多长时间呢?几十年?几百年?几千年?安德迪并不知道。他所能确定的只是这一过程会令人难以想象的长,如此之慢以至于他称之为"几乎没有实际效果"。

在海洋中,这个过程缓慢到停顿的状态。安德迪将几百个不同塑料材质的样本长期浸在海水中,发现没有哪一个容易分解。他的研究表明,在海洋的环境里,聚合物分子实际上是不朽的。这意味着除非被冲到海岸上或者挪走,在过去一个世纪里进入海洋的每一片塑料都以这样或那样的形式保留在海洋里,这是天然海洋生态中合成物的永久入侵。

起初被丢弃的打火机会随着波浪起伏,与半数的塑料品一样,"德林"会上浮。普通的塑料如聚乙烯、聚苯乙烯、聚丙烯和尼龙也会上浮。PET这种用来制作苏打水瓶的塑料会像石头一样下沉,聚氯乙烯和聚碳酸酯也会这样。紫外线的辐射会有一定作用,但比在陆地上弱;海水的温度减慢了光降解的速度,打火机会迅速被藻类和其他"附着生物"所覆盖,从而阻挡紫外线辐射。

无论打火机是在海滩附近还是会飘到海里去,都会受到波浪的冲击,这也会把塑料物体击碎。最终,打火机及其碎片都会由于海藻、藤壶或其他污垢使之重量过重而下沉,加入其他比水密度高的塑料品中。在冰冷、漆黑、几乎无氧气的海底,自然界绝对不可能分解聚合物。一直在跟踪此事有30年的新西兰地理学家莫瑞·葛格里写道:"在海床上,特别是在深海静水中,它们注定会缓慢却永恒地埋在那里。"一位研究者说他曾潜入日本附近2 000米深的海中,遭遇到漂浮的塑料包装袋，就像"鬼魂聚集一样"。

这些被淹没的塑料会造成什么影响还不清楚。专家担心布满塑料的海床（以及海底沉积的其他垃圾）会使深海中的氧气水平降低，沉积层的生物会因缺氧而死，并使得对于海洋化学非常重要的各水层间的氧气、二氧化碳和其他气体的交换混乱。但没有人知道在海床上有多少塑料。我们最多只能通过海岸上看到的情况进行推断。

从城市的标准来看，基霍海滩是个相当遥远之处：位于距旧金山北部开车2小时的地方，在形成国际海岸公园长半月形的末端，然后步行1.61千米，穿过长着香蒲的沼泽，并沿着一条老的河床到达大海。这是一个充满野生自然美的地方，但我去那里却是去寻找经常被冲到海滩上的非天然的东西。其地理位置在入海口不远处，这使得基霍海滩成为海洋塑料垃圾碎片的大磁场，土地管理局以官僚的方式轻描淡写地说："它们来错了地方"。

大多数去错地方的东西最初是被遗弃到陆地上。只有大约20%来自船只，并且从1983年起这个数量可能还下降了，当时开始执行禁止向海洋中倾倒垃圾的海洋公约。在基霍，塑料碎片都被吹到海洋中，这是在强烈的冬季风暴发生后，当时所有被扔到街上的碎片有的被吹到田野里，有的被吹到下水道里，聚集在内陆水流中的都被吹到海岸地区。

祖迪斯·萨尔比·朗和理查德·朗告诉了我关于这个海滩的情况。他们是一对夫妻，是10多年一直在基霍海滩收集塑料碎片的海滩梳理艺术家。他们第一次约会是沿海滩而行，他们发现两人之间有用塑料垃圾制作艺术品的共同爱好。2004年在柏宁曼举办的婚礼上，祖迪斯·朗用白色塑料袋制作婚纱，并用海滩上捡来的白色塑料片作为装饰。

估计这对夫妇在约1.61千米长的海岸线上已经捡了2吨多重的垃圾。这与在夏威夷南端大岛著名的垃圾海滩卡米罗海滩根本无法相比。在那里，海流冲刷上岸的垃圾特别多，清洁人员一次就能收集到50～60吨，大多数是被遗弃的渔具和鱼线。这样的东西对海洋生物造成严重威胁，从20世纪50年代开始，当渔船船队开始将可降解的天然材料转换成耐用的尼龙时，这一问题就逐渐升级。

这对夫妇试图保护他们热爱的海滩。萨尔比·朗说："我们不可能清洁它，我们说这是在组织管理它"。他们在用海滩上收集到的东西创作艺术品用以警示那些将东西放错地方的人们。正如萨尔比·朗所说，他们搜寻海滩的目的是"找到数量较多的能够展现世界各地海洋发生状况的东西"。然后他们将其组装成雕塑、珠宝首饰或照片、儿童发夹制成的花环、除臭剂滚球的展示（海滩拾荒中称之为班豆),或者按顺序排列为几十个不同大小、形状、颜色成方格状。这些作品很吸引人。它们有种抽象的美来吸引眼球,而当你认出这些物体曾经过你的手时,就会引起你的情感冲动。如一个旗状设计的红色小棒,我仔细看时发现它是奶酪饼干快餐中的涂抹棒。

在我参观基霍海滩那天,阴沉沉的天空好像要下雨。我拉紧夹克衫,眼睛看着地面开始前行。我花了几分钟时间来调整我内心的寻宝愿望,尽量使自己忽略漂亮的贝壳、石头以及海带,而将精力集中到垃圾上。当我的视点调整后,我意识到海滩上布满了丢弃的塑料垃圾,很明显来自整个海湾区域。这里有附近托马雷斯湾捕捉牡蛎的农民所用的黑色橡胶管,有在东部约56.33千米远的拿帕谷地区固定葡萄藤的绿色链子,有陆地短距离射击所用的手枪填料,有逃脱的气球碎片,成卷的尼龙鱼线。当然,也有一些典型的垃圾,如瓶子、瓶盖、塑料匙、食品包装和一些塑料袋。我从沙子中拉出半个绿色的整体椅,并很快发现了两个塑料打火机,每个金属顶部都已生锈,但仍然像马戏团帐篷一样色彩亮丽。

塑料大约占世界上垃圾总量的10%,然而,与大多数垃圾不同,塑料既顽固又持久。结果海滩调查显示,60%~80%从海滩上所收集到的碎片一直是塑料。每年,海洋保护机构都会赞助一个清洁海洋日活动,现在有超过100个国家参加。之后,此机构会发布一个详细的从海洋中所收集到的碎片的目录。这个清单本身就是一个有力的证明,按海洋研究者查尔斯·摩尔的说法,塑料成了"全球化的润滑剂"。但所捡到东西的一致性也同样令人惊讶。不论是在智利、法国还是中国的海滩,志愿者们都毫无例外地捡到许多相同的东西:塑料瓶、塑料餐具、塑料盘和塑料杯、吸管和搅拌棒、快餐包装纸和包装物。和吸烟有关的东西最常见。实际上,由成千上万的半合成聚合物的醋酸纤维素构成的香烟头在每处都是最多的。一次性打火机紧随其后,2008年,志愿者们在海滩收集到了55 491个打火机,比5年前增加了1倍多。

不论其他,每年收集到的垃圾就证明整个人类世界对于这种一次性的生活方式有多么上瘾了。但是想真正了解这给我们的星球带来了什么,你必须沿着海岸线深入到大海深处去。

1997年,查尔斯·摩尔这位以加利福尼亚州为根据地的水手再一次在比赛后从夏威夷归来,他决定尝试一条新的路线,这次他将穿过被称为太平洋亚热带环流东北角的约2 590平方千米的海域。这个环流是一个巨大的椭圆形涡流,延伸到太平洋由4个巨大的水流组成,这些水流从华盛顿海岸一直流到墨西哥海岸,再流入日本海岸然后回流。

在8月阳光充足的一天,摩尔驾着他的小船进入一个水手通常会避开的偏远环流。风很微弱,鱼也很少,头顶上气压大如高山,压力向下使得洋流以一种缓慢的状态顺时针旋转,就像浴缸中放水的漩涡一样。只是这里的涡流不会转完。作为一个干了一辈子的水手,摩尔习惯于在他的船边看到奇怪的捕鱼浮漂或者苏打水瓶,却从来没有看到过在此漩涡中的情况。他后来写道:"当我从甲板上注视着本应是纯净的水面时,我的眼睛所能看到的到处都是塑料垃圾"。他写道,整个一星期,"不论我何时去看,塑料垃圾漂浮得到处都是:瓶子、瓶盖、包装纸、碎片"。

这里是黑背信天翁捕食的地方。

摩尔的发现对于研究洋流的人来说并不是什么新闻。科特斯·埃贝斯梅尔是西雅图的海洋学家,他的工作是追踪漂浮的零碎物、垃圾和其他遗失在海洋中货船的货物,如橡胶小鸭和运动鞋,以便更好地了解海洋。他发现北美和亚洲的垃圾会被困在环流中,并可以围绕北太平洋边缘旋转几十年。但有些垃圾会被卷进中心区,那里既没有风也没有强大的水流把它拉出来,因而就会被困在其中。这一地区正式称谓是北太平洋亚热带聚集区,但埃贝斯梅尔给它起了个更具色彩的名字(此名称从此固定下来),太平洋垃圾区。在环流的另一侧还有另一个垃圾聚集区,是在太平洋西北接近日本的地方。对于摩尔来说,垃圾区并不能完全描述出他所看到的景象:一大片区域据他估计有得克萨斯州那么大,海面上漂浮着约 1 360.78 吨的垃圾,相当于每年洛杉矶最大的垃圾填埋厂处理的垃圾总量。

改道穿越环流改变了摩尔的人生方向。他把注意力转向全职研究和记录海洋塑料化的工作中。他通过反复前往环流处向人们发出警示,使公众注意到这个问题。不幸的是,公众对此事的了解受到很多误解的影响,一些是由摩尔最初的描述造成。

迄今为止,塑料漩涡在公众想象中有种神秘的色彩。在新闻报道和博客群中,它经常被刻画成一个巨大的漂浮着的垃圾岛,或者像《纽约时报》所说,一个"第八大洲"。当欧普拉·温福瑞在一次节目中谈论此问题时,受到许多反对海洋垃圾人士的追捧,这是他们的问题最终得到应得认可的标志。温福瑞展示了很多杂乱的瓶子、袋子和包装纸的照片。

然而这些图像和现实相去甚远,漩涡并没有被漂浮的垃圾充满。相反,去那里的航行者发现,那是个美丽的地方,在无风的日子里水是清澈的,没有泡沫,蔚蓝一片。在晚上,海面上闪现出鬼魂般的绿色踪迹,这是鱼到水面上捕食产生的。经常会遇到漂浮的洗洁精瓶子、脱离的浮标,偶尔也能遇到汽车大小的拖网,里面装着从玩具到牙刷等各种小的垃圾。但它们并非无处不在。道格·伍德林是中国香港商人和海洋保护者,他2009年在漩涡这里进行了一个月的科学考察,他很惊讶,这里并没有塑料袋。他习惯于在香港港湾看到的满眼的塑料袋,但在漩涡处却没有看到一个;而这里距离陆地很远,塑料袋很早就沉没了或者被洋流拍击成碎片。他看到的是一些更有潜在危险的东西:很多漂浮着的像雪球中闪亮的小雪片,在整个水域中,从表面到可见的深度到处都是。他船上的研究者每天用拖网拖两次来清理,每次网中都装着五彩塑料片,一个垃圾浮岛会很容易处理。有讽刺意味的是,这些可怕的景象却使问题显得弱化了,使之听起来可以控制,就像是大海里的海滩清洁活动。

但与海滩不同,从1993年起就致力于海洋垃圾研究的弗吉尼亚顾问沙巴·沙福利说:"漩涡不是一个静止的环境,它随四季而变化,它会移动,它是动态的,称之为'垃圾块'暗示它有边界,能够被测量,实际却不行"。沙福利说,它与太平洋一样大,漩涡中垃圾的集中情况就如同奥林匹克规模的游泳池中几粒沙子的排列情况一样。

沙福利是"快晴计划"的顾问,这个小组最初是由伍德林和其他积极分子在2009年组织起来的,他们有点天真却令人羡慕的目标是利用船上的网和水铲来"捕获塑料垃圾"。但是这群人的领导者很快意识到,他们只能捕捞到最大块的垃圾,如漂浮的渔网,其他什么也捞不到。一位科学家警告伍德林,试图打捞所有小的漂浮物只会是弊大于利。"你不可能只从水中捞出所有的塑料,而不伤害浮游植物和浮游动物,这些生物是海洋食物网的基础。你如果破坏了这个根基,就会产生连锁反应,就像从金字塔的底部抽出几块砖一样"。

实际上,当你意识到北太平洋的漩涡并非全球唯一的垃圾聚集地时,从海洋中清洁垃圾的挑战就变得更加极端。环流和高压漩涡是地球海洋中的自然现象。至少有5处,都集中在南纬、北纬30°地区,被称为马纬度,此纬度得名于其无风的情况减慢了西班牙的船只速度,水手们只能将甲板上的马匹推入海中来保留淡水。一个漩涡在北大西洋百慕大的东面,这里聚集的洋流使大量马尾藻聚集,形成马尾藻海。研究者从20世纪80年代起就在那里发现了塑料垃圾。在2010年为期6周的调查中,研究者从该区域捞到4.8万片塑料。其他环流围绕南大西洋和印度洋,以及非洲东部循环。最大的是在南太平洋,这就像《白鲸》中亚哈伯的船员们不得不在无风的地带选择划桨前行。

我们对关于环流中垃圾的聚集情况所知甚少。但在2009—2010年,至少有6个研究小组去北太平洋和大西洋环流考察,并公布发现的问题和收集信息,其中包括"快晴计划"、摩尔的埃尔加丽塔海洋研究基金和普拉斯提基探险。在这次探险中,环保主义者戴维·罗斯采儿从旧金山到悉尼划着一条由苏打水瓶制成的小船航行。同时,一个新的名为五大环流的组织正前往人们较少考察的南部环流进行研究。

这些洋流中可能一直漂浮和聚集着人类所产生的漂浮物和垃圾。但在塑料时代之前,海洋垃圾主要是由海洋微生物能够迅速分解的材料组成。现在环流中所旋转的大量垃圾最多会裂为小片,但仍然太坚硬,自然界啃不动。正如中途岛的生物学家约翰·克莱维特所观察到的,需要花几十年才能清理掉系统中的塑料。即使现在人类停止将塑料倒入海洋,在未来的好多年里,中途岛仍然会有塑料的到来。

黑背信天翁与塑料块特别接近,这使得它成为海洋塑料垃圾首当其冲的受害者。但这种鸟根本不是受到深海垃圾影响的唯一动物。其他海鸟、鱼类、海豹、鲸鱼、海龟、企鹅、海牛、海獭和甲壳类动物都有报道曾吃掉塑料或者被塑料垃圾缠住。结果如一个研究者说:"行动和捕食受影响、繁殖量减少、割伤、溃疡和死亡频频发生"。一年有多少动物会这样死掉?没有人能说出确切数字来。经常被引用的数据:每年塑料垃圾会使10万海洋动物死亡,是一个错误引用,这是1984年报纸对北部海狗的报道,据估计至少有5万只海狗由于被缠在废弃的捕鱼工具中死亡。当然并没有文件记载这个经常被引用的数据,即海洋垃圾每年会杀死100万只海鸟。

但即使他们没有精确的统计,研究者们也报道了巨大的伤亡。塑料垃圾被认为导致了267个不同物种的损伤或灭绝,其中包括86%的各种海龟、44%的海鸟和43%的各种海洋哺乳动物。研究者发现动物在全球各地都有吃进塑料的例子,包括从北海的北极地区捕食的海鸟管鼻藿,到栖息在南极附近岛屿上的南部海狗。即使是一些我们还不认识的动物也通过我们的垃圾认识了我们:1991年所发现的秘鲁突吻鲸是第一次被报道的物种,它被发现有塑料袋卡在它的喉咙中。

塑料垃圾可能会使由于其他原因而面临危险的物种的脆弱状况更加恶化。在北夏威夷,僧海豹的数量已经降到1 200只,而且数量减少在加速,这是由于它们遭受鬼魂般的渔网缠绕而溺毙。皮革龟是在恐龙灭绝时代存活下来的物种,现在正受到威胁,部分是由于吞下了误以为是水母的塑料袋而噎死。从1968年起,死去的海龟尸体解剖发现其中有三分之一吞下了塑料袋。从南极和热带水域迁徙到北部的驼背鲸总是被发现身上缠绕着绳子和其他垃圾。

英国生物学家戴维·巴恩斯担心,塑料垃圾可能会帮助一些入侵物种扩散从而造成更广泛的破坏。有机生物很容易搭上一个漂流的网或者塑料打火机,这些物品甚至可能是比轮船船体或者压舱水更有效的在全球运输物种的载体。

在海洋中垃圾比轮船多，而且到处旅行，可以到达船没去过的地方，如遥远的南极海洋中的小岛，岛上永世生活着各种动植物，不曾受到世界物种不断交融的影响。当研究者踏上这个在南极海洋中由小火山爆发形成的叫作伊纳克塞瑟布尔岛的小岛时，巴恩斯说他们发现了捕鱼浮筒、塑料瓶和一次性打火机，它们都能装载不受欢迎的生物。第一批到达这里的新物种可能会对系统造成巨大的冲击。他说："塑料不仅仅是美学的问题，它真的可能改变整个生态系统"。

但是有些有机生物可能由于不断增长的塑料船队而受益，表现了自然界处理合成物质攻击的复杂性。海洋中充满了微生物硅藻、细菌和浮游生物，它们不断寻找表面来附着其上，塑料垃圾就是这样一种难以想象的意外之喜。如夏威夷大学的研究者戴维·卡尔所说，就像联邦应急管理局预告片中真正的及时雨。卡尔的研究人员是发现漩涡中漂浮着香港打火机的人。这个打火机，与其他在网中被捞起来的塑料垃圾一样，外表覆盖着一层微生物黏液，包括细菌和浮游植物，这些有机生物对于海洋的健康很重要。卡尔发现，令他惊奇的是，附着在塑料物品上的植物能制造大量氧气，在这些聚合物平台上释放的氧气甚至比在开阔海面上制造的还要多。卡尔说，这一发现表明，从某个层面上来说，大量的塑料垃圾可能正在"改善海洋收集和获得养分，以及生产食物和氧气的效率"。尽管如此，塑料仍会有很大的破坏力，他小心地说他并不是倡导向海洋中扔更多的垃圾。

比起漂浮的塑料袋、扔掉的打火机和被遗弃的渔网来说，影响最深远和隐藏的威胁在于散布在世界各地海滩上和海洋中的无数小塑料片。这些小片，总体上叫作微型碎片，直到近年才引起专家们的注意。有关微型碎片的第一次会议在2008年召开。但是现在它们成为许多研究者最关注的问题。

一方面，它们的数量在增加，这是追踪海洋垃圾几十年的科学家所说。微型碎片一直在世界各地的海滩聚集，即使在遥远的非工业化地区也是如此，如汤加和斐济。在我去基霍海滩途中，我很惊讶地发现沙子上满是小的粉色、蓝色、黄色和白色碎片，谁也不知是什么，还有光滑的不透明珠子，我认出那是加工前的塑料粒。工业塑料粒怎么会来到这个乡村海滩呢？它们可能是从一个装有塑料粒的跨洋轮船上泄漏出来的。但更可能的是，它们来自海湾地区的某个塑料加工厂，它们从储存塑料的筒仓、载货码头，或者运货车上漏出来，然后被冲到下水道，最终冲入海洋，后来又被冲回到海滩上。

微型碎片的增加部分是由于塑料生产量的上升，这导致进入环境中的塑料粒的增加，它们现在被认为组成了大约10%的海洋垃圾。还由于在家用及化妆品清洁用品以及冲洗船上泥沙的产品中使用了越来越多的细小塑料粒。我发现在新的笔尖上也有保护性的塑料粒。但是微型碎片的主要来源可能是大型碎片：那些被太阳和波浪分裂的大块塑料垃圾。专家们越来越担心这些碎片会像包装袋和尼龙网噎死海豹、鲨鱼甚至鲸鱼一样给海洋野生生物带来危险。

面对这种威胁的代表性动物并不像黑背信天翁一样有魅力。相反，它可能就像海蚯蚓这种长的、红棕色生物在海岸的沉积物中隐藏，是一种低等的无脊椎动物。

这是英国普利茅斯大学海洋生物学家理查德·汤普森所研究的一种动物。汤普森专门研究小的海洋生物，像硅藻、海藻和浮游生物，但在过去的10年里，他的研究集中于小的海洋碎片的影响。在一系列的实验室实验中，他将微小的塑料粒喂给3种不同的食底泥生物：海蚯蚓、藤壶和沙蚕，它们都吃不同类型的海滩碎屑。它们都立即吞食这些人造餐。有时候这些颗粒会阻塞它们的消化道，这是致命的。但如果微粒足够小，就会穿过动物的消化道而不会造成影响。另一位研究者对蚌类进行了相似的喂食研究：蚌类不仅吃掉了塑料粒，而且48天后，这些小粒仍然在蚌类的身体系统中。

不仅仅是海底居住者会食用微型碎片。2008年当摩尔返回太平洋环流时，他捕捞了几百只灯笼鱼，这是一种占据着中部深度的小鱼类，它们在夜晚升到水面并以浮游生物为食，现在看起来是以塑料为食了。摩尔发现在他所采集的37%的鱼腹中都有塑料。其中一只肚子里装着83片塑料，这对于一个不到5.08厘米长的动物来说，肚子里的塑料量实在太大了。这种鱼是夏威夷地区附近捕获到的金枪鱼、剑鱼和鳅的固定食物，而这些鱼却是食物链更高一层的我们所喜欢的食物。

就所发现的这些塑料粒中含有的物质而言，那是特别令人担心的。日本研究者发现某些塑料的塑料粒和碎片（特别是聚乙烯和聚丙烯）有海绵的作用，能吸收广泛分布在海洋中的有毒化学物质，包括PCB、DDT早就在美国禁用的两种致癌物，还有内分泌干扰物质，如双酚A、阻燃剂和邻苯二甲酸盐。地球化学家高田秀重发现，从世界各地的海滩上收集到的塑料粒中所含有化学物质的浓度要比周围水域或沉积物中的高10万～100万倍。有讽刺意味的是，对于研究海洋污染物的科学家来说，这并不令人惊讶；他们将塑料粒用作此目的已经很久了，他们就是要用它们把海水中的毒物吸出来。实际上，高田认为，塑料粒能用于监控世界各地海洋中持久的有机污染物的存在。

我将从基霍海滩收集来的150个塑料粒交给高田分析。大约1年后我拿回的报告显示，塑料粒中含有少量的杀虫剂，包括DDT，这种化合物曾促成了瑞秋·卡森的著作《寂静的春天》，从1972年起，这种物质已被禁用，只能限制使用。这一分析表明塑料粒中含有"中等浓度"的PCB（每克含有96毫克），据高田所说，这一含量比在中美或亚洲热带地区高很多，却比波士顿湾、洛杉矶海豹海滩以其旧金山海滩的低。

汤普森和其他研究者担心这些微型塑料就是小型定时炸弹，能够进入海洋食物链，然后逐级到达食物链顶端的人类。尽管问题多于清晰的答案，早期的证据的确使人担心。记录有超过180个品种的生物会吃掉塑料垃圾，现在数量不多的研究也表明被这些塑料所吸收的化学物质能够释放并进入动物的系统和体内。汤普森把海蚯蚓放入被塑料污染的沉积层中，发现经过10天之后，蚯蚓组织中的化学物质的浓度要比周围泥土中的高，这表明化学物质微型碎片中泄漏出来并进入蚯蚓体内。汤普森的同事艾玛·图腾喂海鸟吃含有PCB的塑料粒，后来在鸟的组织和尾脂腺中发现了化学物质。

PCB的发现特别令人烦心，因为一旦PCB被吞入，化学物质就会进入到脂肪组织并保留在那里。这种持续性的结果很可悲地出现在北极生态系统中。在几十年的过程中，化学物质通过食物链从小鱼到大鱼，再到北极熊、海豹和鲸鱼，最后到达当地的因纽特人身上。由于他们是以海豹、鲸鱼和北极熊含油脂的肉为食，因此他们被发现血液中以及女性乳汁中的PCB含量为世界最高。然而，要指出聚合物对于传播已经广泛出现在环境中的毒物所起的作用仍然很复杂。例如，康奈迪克大学研究者汉斯·劳佛发现，烷基酚（制造塑料和橡胶的化学品）出现在龙虾的血液、组织和壳中。他怀疑这种化合物可能是造成破坏东海岸龙虾种群软壳病的原因。但是烷基酚是如何进入龙虾体内的呢？作为底层生物，龙虾可能吞食了被污染的塑料片或更小的吃过被污染碎片的有机生物。或者它们可能直接从海水中吸收了烷基酚。世界上很多地方的海洋、海床和海岸线已经受到化学物质的污染。汤普森说，问题是，"塑料使这种污染恶化了多少？"当然塑料能够很容易使人产生这样一种心态，就是用完某个物品就把它丢掉而不用考虑后果。这种一次性的年代从根本上改变了我们与周围事物的关系，不论这种东西是我们制造的还是天然的。例如，思考一下当我们接受像一次性打火机这样的物品时所带来的精神和文化的转变。

一次性打火机并非只是取代一次性纸质火柴，这个工具真正取代的是填充式小型打火机，芝宝是其著名代表，这种便宜的打火机是由铬和钢制成，第二次世界大战期间在美国人心中占有重要的位置，当时它是美国海外士兵的标准配件。芝宝从1932年首度出现至今，一直有着终生保证："它好用，否则我们会免费修理"。几十年来，在宾州布莱福德，公司已经修理过大约800万只这种打火机了。

尽管芝宝和比克打火机一样，都是大量生产并由便宜材料制成，芝宝打火机在收藏市场里却很兴旺，比克和其他一次性打火机却做不到。收藏者喜欢芝宝打火机侧面印刷的商标和主题图像。比克也会做同样的事情，公司每年会提供限量版的打火机，上面装饰有NASCAR（纳斯卡）英雄或运动队的标志，或者野生动物和树木这样的自然主题图像。然而，收藏者对此兴趣不大。朱迪丝·桑德斯是"在光亮之处"这个收藏者俱乐部的成员之一，他说，"我们并不真正认为它们是打火机"。泰德·波拉德是俄克拉荷马州的一位打火机收藏爱好者，他用所收集到的4万只打火机创办了国家打火机博物馆，而他对于收藏比克打火机的想法不屑一顾。他对我说："这真是一个非常悲哀的世界，因为人们愿意在他们的口袋里放一只塑料打火机。它没有值得尊重之处"。

　　为什么人们会"尊重"他们耐用的而不是一次性打火机呢？从技术上说，比克和芝宝打火机区别不大。两者基本上都靠相同的机制来打火：燃料通过阀门释放并通过打火石轮的转动产生的火花来点燃。但事实是，芝宝可以填充，而比克做不到，这使两者产生巨大差异。你如果不能再次使用或者修理，你是否真正拥有它呢？你是否曾产生过骄傲感和拥有感，因为你使得一个物体保持在最佳工作状态。

　　我们在物质世界里把自己的一部分投入进去，反过来也会反映出我们本身。在这个由塑料帮助促成的一次性时代，我们越来越投入到对我们生命没有真正意义的物品上。我们认为一次性打火机非常方便，毫无疑问它们确实是；问一问任意一位吸烟者或在后院烧烤的大厨，然而我们对于这种便利所要承担的代价却不去思考。

　　1955年《生活》杂志所庆祝方便的一次性物品的到来，如魔术般悬空出现在图片中；读者们并未看到所拍摄的下一幅照片，那会显示出它们堆积在地上的情况。几十年来，人们接受了第一张照片的幻觉——方便又没有代价或后果。但是现在我们认识到被扔掉的塑料并不是简单的离去。它们去了某处，而且，最糟糕的是，它们去了不该去的地方。

六
塑料袋之战

当某种关系出现问题时,要看到这一点并不容易。人们会经常砍伐森林,用尽当地的水资源,使土地养分衰竭,没有认识到或理解人类赖以生存的自然基础。塑料好像为人类的生活承诺了一个新的基础:食物被切片然后包装到塑料袋中;在塑料草坪上进行体育运动;家被塑料板所包围;每年都有由塑料包装的新的省时装置和电子奇迹诞生。

现在我们开始承认这种关系的确有问题,而且可能是很大的问题。但是我们和塑料在一起很长时间了,我们很难想象一个不同的世界会怎样,一个由人类决定塑料命运的世界,而不是相反。

但是,一个很有决心的小组已经开始想象这样的世界。他们已经意识到防止海洋被塑料垃圾所吞噬的最好办法是在陆地上管理好那些碎片,这意味着,除了采用其他办法,还要限制人们对一次性物品的依赖。开始时,他们将目光放在所有一次性物品中最普遍存在的物品上:塑料购物袋。塑料袋与发泡聚苯乙烯杯子或者野餐叉或外带方便盒比起来并不特别有害,但这个单一用途的物品比其他物品激起了人们更大的愤怒。世界各地的人们都在呼吁废除塑料袋,他们中有把塑料袋视为撒旦产物的社区积极分子,也有认为"没有理由在任何地方再制造它们"的更冷静的联合国环境计划人士。

2007年,旧金山成为第一个禁止塑料购物袋的美国城市,它加入了几十个其他城市和国家废除塑料袋的行列。受到旧金山的鼓舞,美国很多地方政府从马萨诸塞州的普利茅斯到充满阳光的毛伊岛,都宣布了清除垃圾的各自措施,一些大的零售商如宜家、全食、沃尔玛和塔吉特也采取了相应措施。据说美国已采取了200多项反塑料袋的措施,尽管塑料工业已成功击败或停止了许多措施的运作,环保积极人士和业内人士都预测我们所知的塑料袋会消失,至少从零售店中消失,这包括无数我们所依赖的其他种类的塑料袋。

不难看出为什么塑料袋会成为最受关注的目标。它们内部实际上没有什么物质,只是很细的聚乙烯,却无处不在。它们只是设计为短暂应用,却在我们的视野中无处不在并且成为代价昂贵的垃圾,挂在树上、黏在栅栏上、在沙滩上翻滚,同时也是对海洋生物的潜在威胁。它们的确会导致伤害。但是它们那极轻的重量却是影响深重。它们代表了塑料时代的集体罪恶,如《时代》杂志所说,象征着"浪费、过分和对自然不断增加的破坏"。塑料袋代表着我们从热爱到憎恨的过度包装的世界;如一位反塑料袋的积极人士所抱怨,它们是"将我们带入一次性社会"的标志。

我们经常会发现自己陷入一种使我们感觉糟糕或罪恶的关系中,我们想尽快摆脱这种境地。就如在匆忙的快速离婚时,我们可能又发现自己陷入另一段浪漫关系中,它并不比我们刚刚离开的那段恋情更健康。

我们是怎么被塑料购物袋缠住的?

一个世纪以来,富有想象力的实业家看着具有变化多端可能性的塑料时会问道:这些奇迹般的材料会代替什么天然物质呢?这是一个引起很多争议的问题。正如行业期刊《现代塑料》的编辑在1956年所观察到的"今天任何一个稳定的塑料市场都不会热切盼望新材料的到来"。每种新塑料产品都面临着"既有既定材料的可怕竞争,也可能遭到拒绝和误解,只有克服这一切,塑料才能赢得市场"。

结账柜台之战是塑料长期稳定地进入普通包装领域的一部分。现在大约有一半的物品由塑料包装、加软垫、收缩膜打包、发泡塑料包装、塑料盖保护或者用某种塑料材料来覆盖。实际上,生产的塑料中有三分之一用于包装,这包括那些有机会就会缠着你的手指,且无所不在的塑料购物袋。塑料在20世纪50年代后期进入包装行业,当时塑料一次又一次地挑战纸质包装的领域。很快切片面包就被包装在塑料袋中,它也取代了用蜡纸来包装三明治。干洗店放弃了沉重的纸袋,用聚乙烯袋来代替。

然而,最后一项转换却在1959年引发了一场全国性的危机,引起恐慌的是一则新闻报道,称这种极薄的袋子能杀人:有80名婴儿和学步期孩童已意外被闷死,而且至少有17名成人用它们来自杀。在接连发生的"塑料恐慌案"中,数十个团体建议禁用塑料袋,致使这一工业首次面临极大的威胁。薄膜塑料的制造商匆忙开始挽救他们刚刚兴起的工业,花费了近100万美元用于全国性的教育活动,来警示消费者关于透明塑料袋的危险,同时制定新的工业标准生产更厚的、黏性不强的塑料袋。同时,塑料工业协会的领导也誓言会在报纸和无线电中做广告,"直到整个国家所有的母亲、父亲、男孩或女孩都了解塑料袋能用来做什么,不能用来做什么"。这些联合措施阻挡了禁用塑料袋的呼声。正如杰诺米·海克曼这位代表塑料工业协会数十年,并曾经历塑料袋恐慌和无数后来战役的律师所回忆,"我们的工作始终都是打开塑料市场,并使市场保持开放"。

美孚石油公司是对于打开新市场有着极大兴趣的公司之一,它当时是聚乙烯薄膜的主要生产商。当一位叫比尔·西诺的年轻大学毕业生在1966年加入美孚公司时,该公司已开发出替代纸质包装的一条大规模生产线。其卷式塑料袋已替代了零售生产部门的纸袋,其HEFTY垃圾袋也帮助人们改变了长期以来用报纸铺在垃圾桶底下的习惯。公司不停地在为聚乙烯薄膜挖掘新的可能性,在20世纪70年代初期,美孚公司开始着眼于利润最高的纸制品之一零售购物袋。西诺说,实际上,公司已经花费数年和几百万美元用于开发传统牛皮纸袋样式的方形底、直立式塑料袋。"传统的思维是你要做出同样的东西"。但是由于仿制的塑料袋造价要高于纸袋,"它就从没有机会进行生产"。

此后美孚公司官员听到风声说一种瑞典公司生产的购物袋正在欧洲进行少量分发。其发明者斯登·图林想出一种与传统纸袋不同的设计。图林设计了一种巧妙的折叠和结合系统,使得易碎的桶装聚乙烯薄膜能变为强壮、结实的袋子,这解决了困扰之前其他发明者的技术难题。在1962年的专利图上,这个袋子看起来像无袖的圆领T恤衫,业内从此普遍将此袋称为T恤衫袋。

据为美孚公司早期尝试生产T恤衫袋的西诺所说,美孚公司的高管们马上意识到这就是他们要的袋子。他们能够看出,与美孚最初的设计不同,这种袋子有力量将竖立在结账台上的纸袋击败。实际上,这种袋子最终被证明会受到零售商的欢迎,因为它与传统的平底纸袋不同。图林利用聚乙烯很特别的优点创造出全新的塑料袋。今天由于这种袋子太令人痛恨,以至于我们忘记了它在工艺上的神奇之处:防水、耐用、羽毛般轻巧,可以装下超过本身重量千倍以上的物品。

西诺和他的同事们可能已对他们在1976年引入美国的塑料袋感到非常兴奋(首次推出的版本用红、白和蓝3种颜色装饰,用来纪念美国成立200周年),却没能激发起购物者的兴趣。他们不喜欢看到结账处的店员经常舔一下手指,然后把塑料袋从架子上拉下来,或者塑料袋不能立住的情况。西诺记得,"人们买完物品,把它们拿到汽车上,它们会歪倒,消费者们就会大发雷霆"。如果购物者不高兴,店家就会受到批评。

对于刚刚开始的塑料袋工业来说,赢得消费者是重要的,首先要赢得杂货店主们的欢迎。其中一个行业团体——灵活包装协会进行了一次公关运动,并鼓励商家"在结账处用塑料袋,它非常结实"。同时,塑料袋公司通过教育项目直接与商店联系,帮助商家克服消费者厌恶塑料袋的问题。西诺说,"我们通过很多训练课程来教会商家如何用塑料袋包装"。西诺最后与几位同事离开了美孚公司并开创了他们自己的塑料袋公司——先锋塑料。

但是能够使新的塑料袋受欢迎的最有说服力的因素是经济原因:塑料袋只花费一、两分钱,纸袋却要花费3~4倍的价钱,而且由于它们更重、体积也更大,运输和储存的费用也更高。全国两家最大的零售连锁店——喜互惠和克罗格在1982年开始改为用塑料袋,其他多数大的连锁店也很快紧随其后。商界老将彼得·格兰德,现在是司令包装公司洛杉矶公司的老板回忆说,"一旦我们开始使克罗格连锁改变,基本就全部完成了"。他说,在区域性的市场偶尔仍会有与纸袋制造商的战争,但是塑料工业的感受是"这就是未来——塑料将会统治所有地方"。

这一预测的准确性会反咬塑料工业一口。塑料袋的生产和发送都很便宜,在自由市场的必然逻辑下,它们的生产量必定会激增。生产商只要能卖掉,就会尽量多的生产,零售商也没有限定数量的想法。在杂货店买了一些物品,在双层塑料袋和简单包装后,你可能拿着一打袋子走出来。这同时又产生了一个全新的市场:用塑料产品来装塑料袋。我在清扫用品间中就有两个塑料袋整理柜。到了现在T恤衫塑料袋可能已经成为这个星球上最普通的消费品了。在全世界,人们每年用掉5 000亿至1万亿个塑料袋,每分钟就超过100万个。每个美国人每年平均带回家300个。然而,正如很多塑料包装一样,这些大量的塑料袋最终会变为垃圾甚至更糟糕。

当塑料最初开始进入包装市场时,它因其耐用性,而非抛弃性得到推销。20世纪50年代时婴儿会被干洗袋闷死的原因是人们将它们挪作他用,就像杜邦公司最初引进这款袋子时所宣传的那样。而且,这些早期的袋子价格很贵。1956年,一个叫作清洁局的团体建议《纽约时报》的读者"保留你的透明塑料袋,用涂抹肥皂的海绵清洁塑料袋内外,立即晾干袋子,袋子就会在未来使用很长时间"。

但不用很长时间业界就意识到抛弃才是保持增长的途径,富足的公众也对抛弃塑料包装的想法感到舒服。包装材料从此成倍增加。今天,平均每个美国人每年至少扔掉约136.08千克的包装。美国人总共丢掉的包装材料和空容器占到城市全部垃圾流量的三分之一。

塑料垃圾袋将成为这股力量中最有力的代表。

马克·莫瑞在这波反塑料袋的斗士之前很久就把塑料袋作为他的瞄准点。

莫瑞是加州人反对废物的执行主任，这是在1977年成立的一个全州的团体，目的是推进加州实行瓶子法案。其任务已经扩展到包括一系列的废弃物的相关问题，从电子产品的回收到奶牛牧场的废物处理。在这一过程中，莫瑞功不可没。他将他的全部精力都投入到这个团体中，他是1987年作为实习生加入的，当时他是一个大学毕业生和政治迷，来到加州首府萨克拉曼多找工作。他对回收废物兴趣不大，但对于有着极强的竞争天性的人来说，这一议题却很理想。正如一位报道莫瑞的记者观察到的："这是一场能够取胜的战斗——这与拯救鲸鱼和关闭核电站不同"。他可能只是偶尔遇到这一议题，但回收物资这个真正复杂的减少废物的问题，很快就令人着迷。同时，他在处理理想主义的目标和现实的政治要求上达成了平衡。他是个能够妥协的实用主义者，按左派批评者的说法，他有时妥协太多。

现在，莫瑞已40多岁，梳着短发，发髻线后退很多，有着长跑者那种零脂肪的体格。实际上，他是一位有竞争力的马拉松选手，如果要为具有长远目标的非营利机构进行游说，这样的耐力是很有用的特质。莫瑞知道将眼光固定在终点线上并不断向前的感觉是怎样的。20多年来，他一直希望清除塑料购物袋。

据莫瑞所说，有些废物问题很复杂，但与塑料袋相关的问题却不复杂。在立法机构休会的一天我们在午餐时见面，他平淡地说："塑料袋是个问题产品，我并不是建议我们禁止所有的塑料制品。但有些东西的环境成本超过它们的用途，塑料袋就是其中之一"。

莫瑞对塑料袋的主要抱怨并不是被经常引用的那一个：它们占满了宝贵的垃圾掩埋空间。事实上，研究表明，塑料袋和其他塑料垃圾在垃圾掩埋上占据的空间比纸和其他材料的废物少很多，部分原因是塑料能够被更紧密地被压缩。莫瑞也不担心塑料袋能够"在垃圾场存在几百年"，这也是康涅狄格州的费尔菲德要求禁止塑料袋使用的原因之一。几乎所有的垃圾不论材料如何都会在垃圾场中存在很久。考古学家威廉·拉舍基因为研究垃圾场而自称"垃圾生物学家"，曾在地下挖出20世纪30年代的报纸，它与昨天的报纸一样清晰；也有几十年前的三明治看起来非常新鲜，似乎可以食用。

莫瑞不担心塑料袋进入垃圾场后会发生什么，他非常沮丧的是很多塑料袋到不了垃圾场。他解释说，有时因为某个人粗心地扔到地上一个烟头或者苏打水瓶，垃圾就会堆积。"但是塑料T恤衫袋经常是在正确处理之后又成为垃圾的。塑料袋从垃圾箱里被吹出来，从垃圾车的后部被吹出来，从中转站、从垃圾掩埋场的表面被吹出来"。它们从本质上就有空气动力。实际上，它们现在比以前更有空气动力。作为对早期环境保护者关于垃圾掩埋场空间担忧的回应，塑料袋生产者已使它们变得更轻、更薄。

然而，与纸质垃圾不同，当塑料袋进入环境中时，它们不会降解。几十年前，莫瑞排演了他所称之为新闻特技的活动来说明这一问题：他在萨克拉曼多商业区的一栋建筑房顶上粘贴了一摞纸和一摞塑料袋。当然，几个星期之后，纸袋逐渐融化，但塑料袋只是慢慢被撕成越来越小的碎片。

这样的持续性对环境的影响正是使许多环保积极人士，特别是那些关注海洋垃圾的人向塑料袋宣战的原因。然而，莫瑞的主要动机是关注废物，即由我们的抛弃文化所带来逐渐增强的影响。他是零废物的倡导者，这个概念在过去的10年左右时间已得到政策制定者们的关注，特别是在加州，有几个州立机构和一些城市和县都采纳了这一政策。零废物与其说是个现实的目标，倒不如说是指导性原则，其政策旨在大规模减少我们埋在垃圾掩埋场和送入垃圾焚烧炉中的垃圾量。这不只是将垃圾转为可回收的物品或使之成为肥料，零废物也体现了一个宏大的道德目标，即减少我们施加给地球的负担。零废物的政策鼓励人们减少消费，同时推进工业通过设计和生产能够再使用，修理或者循环物品来延长产品的寿命。从本质上来说，零废物是我们的曾祖父母们身体力行节约资源的良好的道德品质。

塑料袋对于这样的道德品质根本上就是一种公然的侮辱。它所用的是一亿年才能生成的资源，而它有用的寿命却只能用分钟来计算。莫瑞说："只能将物品从商店带到我家门口"。袋子不能修补，也不容易再利用，而且它所能用的次数有限。塑料袋虽然可以执行双重任务，如装午餐、捡狗粪、垫垃圾桶，但是研究表明，一个塑料袋至少被用4次才能抵消生产和抛弃它所造成的环境冲击。纸袋也有相似的环境影响，但它们不会成为长期的垃圾而且它们可以再循环。在莫瑞的零废物世界里，我们都会用能够再次使用的袋子。但是许多年来，除了环保人士，他无法再使其他人对攻击这种难以驾驭的袋子感兴趣。

然后查尔斯·摩尔把他的双体船划入北太平洋的塑料漩涡中，开启了我们一次性生活方式的大幕。这个反乌托邦的景象对于依靠海滩，把海滩当成后院的加州来说特别令人揪心。加州很长的海岸线是个无价的自然宝库，能够吸引460亿的旅游工业，有丰富和多样的渔业，对冲浪者、水手、游泳者和潜水者来说，这里是圣地。为了保护这些资源，加州海洋保护委员会已要求通过收费和颁布禁令全面限制一次性塑料品。在这个有很多沙滩热爱者的州里,甚至一些对自由市场持保守态度的人,如阿诺德·施瓦辛格都认为塑料袋已经是一个非常大的问题了,我们应该和它们说声再见了。塑料袋垃圾是使施瓦辛格反对塑料袋的原因。莱斯利·塔米宁是一位曾与施瓦辛格工作过的环保人士,她后来在2010年组建一个推进全州禁用塑料袋的联盟中起了很重要的作用。她解释说:"海滩上的垃圾总会使阿诺德很气恼,他受不了它们"。

在大量离岸不远的打转的垃圾中,有多少是塑料袋呢?没有人能确切地知道。它们对海洋生物会造成危险,但它们的威胁往往比不上幽灵渔网或者散布在漩涡中的硬的小塑料片。然而,塑料袋仍然像外来物种一样占据着海滩,志愿者在2008年的国际海滩清洁活动中捡到了140万个塑料袋。有些无疑是粗心的野餐者扔掉的。当调查表明大多数塑料袋是来自距海岸几千米的内陆,通过暴雨水沟和水道到达海洋。洛杉矶县的一项研究表明,19%的下水道垃圾是塑料。这对加州海岸的社区来说是个坏消息,因为按联邦规定大多数社区需要清理下水道的垃圾,然后才能将污水排入大海。为了遵守这项规定,南加州各城市自20世纪90年代起已花费超过17亿美元。莫瑞说,对于那些社区,塑料袋垃圾是潜在的"巨大财务负担",因此到了2000年初,"不仅仅是环保人士,连南加州的温和派和保守的地方政府官员也都在讨论着塑料袋的问题"。

莫瑞这么长时间以来,首次看到了真正政治上对T恤衫塑料袋的对抗。如果有足够的地方社区开始讨论塑料袋的问题,就会在州的层面上掀起一场战斗。以他的经验来看,这是赢得在政治上很占优势的店主和零售商们支持的办法,他们更喜欢全州一致性的政策,而不是地方法规的拼凑。向塑料袋宣战在政治上突然变得可行了。

此后旧金山打响了第一枪,引发了一场政治上的连锁反应,把城市,最后直到整个州都放到了塑料袋战争的前线。旧金山为成为制定绿色政策的先锋而骄傲。在市政厅的前面有电动汽车充电站;居民如果安装太阳能板可以减税;城市的卡车会从餐馆中收集用过的油为政府车队提供生物柴油。该市有全国最积极的回收计划,把超过70%的废物回收或堆肥,只有不足30%的废物送去填埋——这与全国的比例正相反。在2002年,市政府把零废物作为目标,誓言到2020年前,将剩余的30%降为零。

市政府已倾向于绿化,但他们把塑料袋作为目标是有其实际原因的。市里的杂货店每年发出1.8亿个塑料袋,这些易粘连,到处乱飞的塑料袋对旧金山最先进的垃圾回收厂正进行着大破坏。人们不应该把塑料袋放到回收垃圾箱中,但人们总是这么做。在回收设备处,这些塑料袋会飞起来,四处飘动,把工作搞糟。

工厂每天不得不停工两次以上，工人们带着剪刀，手动剪除缠绕在输送带上的塑料袋。塑料袋每年会使工厂损失超过70万美元。

据罗伯特·哈利这位旧金山环境部负责带领城市走向零废物目标的资深员工说，塑料袋也会产生其他费用。实际上，当哈利把有关塑料袋的问题都加起来，掩埋场、回收中心、街道和公园中的垃圾——他估计每年总共会花费旧金山850万美元，他也承认这对市政府每年数十亿的预算来说只占一小部分，但以哈利的观点来看，这对于已被赤字困扰的城市来说是一笔不必要的开销。塑料袋对旧金山的购物者来说一直很方便。但哈利认为方便的代价高出了城市能够承担的范围。

禁止使用这种可恶的塑料袋是一个显而易见的解决办法。当孟买确定是下水道中的塑料袋使得雨季的洪水急剧恶化后，便在2000年禁用了塑料袋。这座城市甚至建立了一个特别警队，负责搜寻和处罚违反禁令的商店和工厂。其他印度城市也仿效孟买实施各自的禁令，另外，孟加拉、肯尼亚、卢旺达、墨西哥、中国的部分地区和其他发展中国家的一些地方也在步其后尘。

但是与其直接禁止，哈利和与他一起工作的莫瑞更是被这样一种做法所吸引，即将售出的塑料袋征税，以这种方式来打击人们的使用。他们的模范是爱尔兰，爱尔兰在2002年开始征收所谓的塑料税，价格是15美分。几星期内，塑料袋的使用就降低了94%，塑料垃圾量也急剧下降。一位记者说，拿塑料袋在爱尔兰很快变得像"穿裘皮大衣或者不清理狗粪一样"不被社会所接受。塑料税创造了1200万～1400万欧元的年税收，此税用于支付这项计划的费用，并支持了很多环保计划。尽管此费用起初并不受欢迎，爱尔兰人却很快接受了它，一项研究甚至发现"废除此项计划会造成政治损害"。

此项费用是使某个产品的社会代价变得清晰可见的一种方式。我们可能习惯于免费使用购物袋，但这并不意味着它们没有费用，实际上其费用已转化到其他地方——打入食品价格中或者显示在由于处理塑料袋生产和废弃对环境影响的税收中。莫瑞和哈利相信此种费用为产品的环境消耗点亮了一盏明灯，它最终会改变消费者的行为并使产品有更好的设计。

任何种类的一次性袋子、纸袋或者塑料袋都有环境成本。每种都会耗费掉有限的资源，只是为了满足很小的便利性而已。哈利说："你为商店所有其他的东西付费，为什么不能为塑料袋付费呢？"这个费用能够让人们完全摒弃使用一次性塑料袋的习惯并自带可反复使用的袋子。

心里怀着这一目标，哈利和工作人员在2004年提出一项计划，敦促市政府对所有购物袋收费，包括纸袋和塑料袋。他们按每个塑料袋对城市影响的成本，将价格定为 17 美分。市政管理员罗斯·摩卡瑞米也是一位零废物的倡导者,他很高兴成为这个计划的主办人。

所提议的收费很有争议,遭到了有固定收入的退休人员、不想给顾客造成不便的店主们的反对。当然,塑料工业也会反对,他们指责"这项税收会伤害那些最无法负担得起的人"。使用爆炸性的词语税费来描述这样一项通过自带袋子就可以很容易避免的费用,是塑料业界在后来的小冲突中一致赞成和最有效的方法之一。

当莫瑞试图获得所需支持的时候,杂货店主和塑料袋生产者组织起来走上大街,前往州政府,倡议推进全州立法,废除旧金山的收费计划。正如一位业内游说者说,"防止这一问题失控"。结果是法律要求所有大型超市必须提供可回收的塑料袋,但另一个关键点是禁止城市和县对塑料袋收费。就这样,加州处理一次性塑料袋所带来问题的最佳方案被枪毙了。

令许多环保人士愤怒的是,莫瑞帮助起草这项立法。作为实用主义者,他认为这是项过渡措施,能够使全州朝着废除塑料袋又前进一步。他认为,1~2年内,基于商店的再循环塑料袋无法实行,也不会减少塑料袋的消费这点会更明显,到那时,他就可以去找立法人员说,看吧,我们告诉过你们的,现在我们一定要对塑料袋收费或者禁止它们。

但是他没料到限制市政府选择所带来的爆炸性影响。地方政府不喜欢被州政府告知该做什么,特别是对于一项传统的地方事务,如废物处理。莫瑞说:"告诉他们不能颁布塑料袋收费条例只会激发他们去做某件事。这点燃了旧金山管理部门本来不存在的一腔怒火"。摩卡瑞米称之为"跳弹变为了我的弹药"。

有了新的弹药,他起草了一份计划,直接禁用塑料袋。先前还不太情愿的管理层此时几乎一致通过,市长盖文·纽森在 2007 年 4 月对此签字生效。新法律禁止大型商店和杂货店免费发放 T 恤衫塑料袋,除非它们是由可堆肥塑料制成。由于其广泛的可堆肥计划,旧金山是少数几个能处理这样塑料的城市之一。店家仍然可以分发纸袋,这使得旧金山人可以继续保持他们使用一次性袋子的习惯。哈利并不完全喜欢这一点,但他理智地知道纸袋能够再循环或者制成堆肥,如果一个袋子掉到地上或者进入海湾中,它就会迅速生物降解。"下场大雨就会冲走了"。

受到旧金山的鼓舞,美国各地的城市都开始起草各自的措施,几乎全指向塑料袋,大多数直接要求禁用。弗吉尼亚的乡村立法者收到投诉,一些被风刮跑的袋子套在棉花上,弄脏了作物和轧棉设备,这促使他们采取措施。费城政府人员担心塑料袋会阻塞城市陈旧的下水道系统。阿拉斯加小镇的居民因为塑料袋挂在冻土地带的柳树枝上而采取行动。北卡罗来纳海岸以及圣地亚哥郊区的恩西尼塔则因为海洋垃圾而采取行动。

令人惊讶的是,这些政治上的行动完全是地方性的。与攻击其他种类的塑料制品不同,这场战斗没有全国性"禁用塑料袋"的驱动。反对聚氯乙烯和邻苯二甲酸盐以及双酚A的运动都是由成立很久的环保团体所引导——绿色和平组织,无害健康保护组织、环保基金以及其他组织,利用媒体和互联网来产生公众压力,因此即使立法者不对消费者担心的问题做出回应,零售者也会做出反应。实际上,当联邦立法者仍在考虑如何处理双酚A的问题,大型连锁店已经停止销售含有这种化学物质的婴儿奶瓶了。这些协作的努力能够解释《财富》杂志所说的沃尔玛变为新的食品和药物管理局的原因。但反塑料袋的行动从根本上是来自草根机构,由当地积极人士或官员各自提议或行动,而且并不总是深思熟虑的结果。一位塑料界说客嘲笑它是60分钟现象。"你在报纸上然后在电视上看到什么事,这给了你立法的想法"。禁令的普及一定是受到一位作家所说的"公正的简化"的加强。与收费不同,禁令并未向任何人要求什么,除了塑料工业。对于一个在其历史中受到很多攻击的工业来说,塑料制造商很令人惊异地对于日益增长的反塑料袋现象做出非常迟钝的反应。基地位于加州的塑料袋制造商早在2000年初就意识到严重的问题正在酝酿。他们看出海洋垃圾问题的影响力巨大,这些影响迟早会使塑料业遭到攻击。许多塑料业内人士和环保人士都在关心塑料漩涡的问题,并想搞清楚塑料袋和其他塑料产品在产生这一问题的过程中起了什么作用。他们追踪其他国家实施的禁用塑料袋和收费的法案,并警惕地观察如南加州反塑料瘟疫运动中所出现的团体,因为他们的目标不只是根除塑料购物袋,而是要清除全部一次性塑料包装。加州塑料袋制造商在业务通讯中警告,"他们并非古怪的团体,他们的想法也不那么容易去除"。

但是石化工业的代言者,位于美国首都华盛顿的美国化学委员会似乎对公众逐渐关注的海洋垃圾问题不太注意。2004年,此机构的发言人强行征用了塑料垃圾组织的网址,这是加州海岸委员会本希望用来针对海洋垃圾进行活动的网址。美国化学委员会统计发现,业界投票显示大多数生产商认为激怒加州的问题与加州以外地区并不相关,他们对此颇感欣慰。

欧罗维尔的塑料袋制造商罗伯特·贝特曼说:"我们的工业在处理海洋垃圾问题上的确很慢"。当时是在旧金山颁布禁令后几个月我去拜访他。他的公司生产比杂货店发放的塑料袋更厚实的袋子,所以他个人并未受到清除T恤衫塑料袋的影响。但是逐渐增长的反塑料热情还是令他很受挫折,因为他认为聚乙烯是比纸张更加环保的材料。自从他在20世纪90年代第一次听到有关塑料垃圾被冲到岸上的报道以来，多年来他一直预计会有人激烈反对塑料袋。他和查尔斯·摩尔共同开发出盛装塑料粒的环境标准，并一直督促大型贸易团体开始注意海洋垃圾问题，这不只是生意的原因，也是道德的问题。他解释说："我的家族在做石棉生意，我们意识到不面对问题并非最佳方式"。

　　塑料业分崩离析的现状可以部分解释其为何无法理解贝特曼的警告。塑料业与其说是个统一的世界，不如说是一群在各自轨道上运行的行星。制造塑料树脂的巨大跨国石化公司是在独立的领域运作，这与大多数生产塑料制品的公司不同。从历史上来看，每个团体都有其自身的贸易团体、会议、商业问题和政治议程。树脂制造商的代表是每个化学委员会，这是一个极其富有的贸易团体，年收入超过1.2亿美元，共有人员125名，有4个附属分支，议题已远远超过塑料之外。产品和设备制造商依靠塑料工业协会，这是个小规模组织，其运作预算不及美国化学委员会的十分之一，人员只有不到40人。过去，塑料工业协会是塑料的主要维护者。此团体主要关注贸易问题，而把人们高度关注的问题留给美国化学委员会，两个机构间的憎恶仍使他们无法合作。

　　同样，制造商的世界也因为各州的界限而四分五裂，如一家注入式汽车部件模具公司和一家挤压式塑料购物袋公司间，就没有什么共同体的感觉。因此塑料业的其他部分并未感受到像塑料袋制造者感到的威胁。西诺这位曾帮助把T恤衫塑料袋引入美国的美孚高级管理人说："我们无法得到塑料业其他组织的支持，因为他们的产品并未受到威胁"。T恤衫塑料袋是可见度很高的塑料品，但它们只占塑料业中很小的份额，在整个3 740亿美元的美国塑料市场中占了约12亿美元。塑料业的其他部门怎么会在如此微不足道的旗帜下集合呢？

　　直到旧金山开始提出对塑料袋收费的建议后，全国主要的T恤衫塑料袋制造商（全部都在加州之外）才最终开始注意。西诺回忆说："我们说，'这对我们不好啊'"。他和先锋公司共同创办人赖瑞·约翰逊试图向塑料工业协会求助，却遭到了拒绝。他们意识到必须自己掌控，因而召集了全国最大的5家T恤衫塑料袋生产商，邀请他们聚集在美国航空公司在达拉斯/福特沃斯国际机场的旗舰俱乐部休息室中开会。参会的有来自新泽西的因特普莱斯特、新奥尔良的美国石油协会、费城的所努克、休斯敦的超级袋、达拉斯的先锋等公司的行政官员和一大群律师。每家公司都同意出钱聘请说客并开展一项支持塑料袋的运动。第一年的基金总共有50万美元，再后来的几年中，不同的公司又投入了更多的资金。

　　此后的两年，约翰逊和其他塑料袋行政官员在全加州各地游走，尽力打压逐渐兴起的反塑料潮流。对约翰逊来说,这一努力就是他的全职工作,直到他在2007年因患胰腺癌而去世。这个团体以为只要保证要求杂货店提供回收塑料袋的法律通过之后,就会为塑料袋工业赢得时间。但是,当旧金山对禁令做出反应时,却造成了相反的结果,引发了一波与禁令相似的措施的出台。塑料业花了好多年才在包装市场上击退纸制品,现在这来之不易的占领却面临消失的风险。

并且,塑料袋并非唯一受攻击的塑料制品。仅2008年,在地方、州和联邦各级就有大约400个与塑料有关的法案出台,其中包括禁止使用聚苯乙烯快餐包装提案,禁用邻苯二甲酸盐玩具和双酚A,包括婴儿奶瓶的提案,甚至有一个提案建议把生产前的塑料粒归类为危险物质。塑料以前从来没有遭到过这么多方面的攻击。塑料工业协会总裁威廉·卡特奥尔斯在2009年行业最大的年会中,向成千上万的塑料工业会员警告说:"我们正在临界点上。立法和规定正威胁要从根本上改变我们的行业模式……当所有事情都充满情绪时,我们不能只是反应性地回应。我们需要进行攻击并快速反应"。在整个塑料工业,人们意识到是认真的时候了。

具有讽刺意义的是,由于只是聚焦在禁用塑料袋上,反塑料袋的人士无意间给了塑料工业一个最有力的武器。禁用塑料袋后一个不可避免的结果是杂货店主会改为发放纸袋。禁令之后,旧金山纸袋的消耗增加了4倍,达到年8 500万个。正如一些环保主义者所知(其他人也会很快了解到),这并不是在帮大自然的忙。史提芬·约瑟高喊,"纸袋真糟糕,糟糕!"他是代表加州塑料袋制造商对抗城市禁用塑料袋的港湾区律师。

约瑟不像是一个塑料业的战士,他是"痛恨民主党"的自由独立人士,一位鄙视乱丢垃圾的环保人士,也是一位以前与塑料业无关的人士。他天生是位反叛者,也是一位训练有素的律师。但约瑟说他真正的任务是成为一位"出征者",他说话的风格反映出他是在英国长大的。他解释说:"我因某种原因喜欢战斗"。他可能是个雇佣的枪手,但他坚持说,他只为那些他真正认同的缘由而工作。

现年50多岁的约瑟令人印象深刻,他有着花白的头发,前额很高,长鼻子,以及一种无法压抑的好斗性格。他很喜欢过去作为社会活动家的成功,最著名的事件是他决定向食品工业中反式脂肪的使用发起挑战。他的继父死于心脏病,约瑟震惊地发现他可能是死于他的饮食,因此他走上了征途。他的天才之举在于2003年的一次诉讼,阻止卡夫食品公司销售奥利奥饼干给孩子们,因为饼干中充满了能够阻塞动脉血管的反式脂肪。这场诉讼引发了很多有敌意的头条新闻;杰·兰诺和戴维·莱特曼嘲笑这则新闻,《华尔街日报》称他为"饼干怪兽"。然而,他却笑到了最后。约瑟提交诉讼两个星期后,卡夫宣布它已去除了那些令人不愉快的脂肪。他后来又搞了一次成功的运动，使他家乡太布朗所有的餐馆都不用反式脂肪。美国的其他城市也从此步其后尘。

约瑟的成功吸引了一些加州塑料袋生产商的眼球。一位能在与奥利奥饼干对抗中赢得大众同情的人，是一个知道如何为不受欢迎的事情发起挑战的人。但是当他们试图雇佣他时，约瑟拒绝了他们。然后他读到了伦敦《泰晤士报》的一则新闻，这是反对塑料袋运动中最常引用的一则控诉——塑料袋每年会杀死10万只海洋动物。《泰晤士报》发现这个数据是对一个加拿大研究的误读，该研究表明阿拉斯加海豹的死亡与被遗弃的渔网有关，而不是塑料袋。史蒂芬说："我开始深挖，思考着如果这是个谎言，还有什么不是谎言呢？"他做的研究越多，他就越相信在塑料对纸张的较量中，塑料受到了不公正的打击。现在他像一个皈依者一样热情地去战斗。他以其特有的面对面方式，称他的运动为拯救塑料袋联盟。以不同寻常的沉默，拒绝说出联盟的成员。

约瑟能够从无数的研究中引用章节和篇章，这些研究表明塑料比纸张对环境的影响要小。生命周期分析，这种研究分析一个产品从摇篮直到坟墓对环境所造成的影响，一致发现与纸袋相比，塑料袋在生产中用更少的能量和水，需要更少的能量运输，在生产中只排放一半的温室气体。作家汤姆·罗宾称纸袋为"文明世界的人所制造的，在自然界中唯一不显得不合适的东西"。但只有当你忽视树木的砍伐、化学制浆、强力漂白、耗水这些工业生产过程，去制造天然的、土豆皮手感的棕色纸袋时，其说法才成立。实际上，纸袋并不比皱巴巴的聚乙烯塑料袋（尽管纸袋包含更多的可回收物质）更天然。如果你最关心的环境问题是节约能源和气候变化，塑料无疑是比纸张更绿色的选择。

然而，生命周期的分析并未讲述全部的故事。它们在测量与能量相关的影响中效果最好，但它们对于处理不宜量化的事物时却有问题，如垃圾和海洋碎片、材料的毒性以及对野生生物的影响。

可能更确切的说法是，由数据得出的比较并不能比较出我们对这两种材料的感受——我们对纸袋非理性的舒适感和我们对塑料超自然耐久性的不适感。塑料袋出现在不该出现的地方，这使人非常生气。当我陪着约瑟在2008年去参加一个曼哈顿海滩提议的有关禁用塑料袋的听证会时，这一点就变得非常明显了。曼哈顿海滩位于洛杉矶郊区，坐落在小山上的高档消费区俯视着绵延的大海。这座小镇被民主党和共和党人平分，但大家都珍视海滩，每家的冲浪人数比加州任何地方都多。

约瑟和我到得很早。尽管我们并未穿沙滩服，我们都穿着西装，拖着行李箱，约瑟提议我们在沙滩上散散步。我们走着的时候，他不停地问我："你看到塑料袋了吗？"他说的是对的，我们看到的大多数垃圾都是由烟头、苏打水瓶和纸质垃圾所组成。约瑟说："天啊，真是这样吗，塑料袋都到哪里去了？"他盯着整齐的、清扫过的白色沙滩，不是忽视了这一事实，就是不清楚县城的卡车每天都会把沙滩上的垃圾清理干净。

与其他塑料袋的支持者不同，约瑟认为塑料袋垃圾不是产品的问题，而是行为方式的问题：塑料袋不会自己胡乱丢弃，而人才会。因此，他坚持认为由于滥用而攻击产品，这一点是不对的。他指着人行道上两个被碾碎的比萨盒子说："我们现在回去禁止比萨吗？"

然而在当晚的会议室里，约瑟的论点无人支持。没有人会在意塑料袋是否比废弃的渔网对海洋生物危害更大，或者是它们的制造会比生产纸袋产生更少的温室气体，抑或是市政人员并未完全分析转用纸袋后对环境的影响。正如一位积极人士所说："这与全球变暖无关，它只是与盛塔莫妮卡湾有关"。支持这项措施的人有两件优先考虑的事情：保护此地区宝贵的海岸线以及禁止市民使用任何一次性塑料袋。委员会成员说从塑料袋开始，但希望最终也能包括纸袋。一名成员说："这并不是关于塑料袋转成纸袋的问题，而是将塑料袋和纸袋转成可反复使用的袋子的问题。改变人类的行为需要花时间"。

委员会的每个成员都赞成禁用塑料袋。当最后一票被记录的那一刻，约瑟转向我说："诉讼！"

纸袋会成为城市商店的默认选择这一事实给了约瑟进行诉讼坚实的基础以及法庭上的胜算。他的论点是：禁令违背了州法律要求城市准备对所提议的法律可能造成的环境影响的研究，审判法庭和上诉法庭都表示同意。一个有利环境的法规会被用来击败旨在保护环境的法律，一位评论者认为，这相当于法律上的"命运弄人"。

在整个加州，这样的诉讼，或者威胁要诉讼，都会减缓当地禁用塑料袋的动议，迫使至少12个城市，包括俄克拉荷马、洛杉矶和圣何塞撤销禁用提议，甚至撤回已生效的法律。需要花费5万～25万美元来准备一份完全的环境影响报告，对于缺乏资金的加州政府来说是个巨大的障碍。最终一些城市决定投入并准备一份可以共用的报告。当报告在2010年完成时，证实了约瑟一直所说的：纸袋会比塑料袋造成对环境更大的影响。

这个发现对于一些倡导禁用塑料袋的人来说是令其吃惊的，其中包括卡罗·米索丁，他是负责执行这份报告的加州绿色城市的负责人。这并未减弱她对塑料袋的厌恶，却可以让人明白政治辩论是如何偏离主题的。她说，议题并不是塑料袋和纸袋，而是人们把所购物品和其他商品用一次性袋子装回家的习惯。她说："一次性使用的产品在生产、制造和废弃上会对环境造成极大的影响。我们必须回到依赖耐用性产品的习惯上来"。美国化学委员会的罗杰·伯恩斯坦就一直理解这一点。他认识到塑料对纸张的战斗只是小节目，真正对行业的威胁是对一次性产品的战争，用可反复使用的物品代替一次性物品的行动。他轻蔑地说，禁令和收费的动力来自"零废物道德观点单纯表达，最后的结果是毫无选择地使用可重复使用的袋子。一切都需要重复使用"。伯恩斯坦是美国化学委员会国家和法律事务部副部长，此委员会越来越成为塑料袋的主要游说者。我在其总部弗吉尼亚的阿灵顿遇到了他和其他委员会代表，该总部不久后就搬到能源与环境设计先锋认证的国会山附近一栋先进的绿色建筑内。

伯恩斯坦有60多岁了，他是一个棱角分明的人，有一头浓密的灰色头发和被眼镜放大了的棕色眼睛。他作为塑料业的幕后战士已有30多年。他以前是一位记者，后来进入了塑料工业协会，然后又转到美国塑料委员会，这是在20世纪80年代后期由主要的树脂制造商成立的组织，然后他又在美国化学委员会与塑料委员会合并后，在2000年加入美国化学委员会。美国化学委员会尽量与塑料袋战斗保持距离，但在2008年初，当塑料袋制造商遭受反塑料袋措施风暴的强烈打击时，它才卷入这场战争。美国化学委员会很显然希望防止人们对塑料袋的愤怒像滚雪球一样变成更广泛的反塑料运动。

伯恩斯坦把塑料用政治分为"恐惧问题"和"罪恶问题"。他说，恐惧问题是与"环境自我保护"有关的问题或者与安全问题相关，如关于双酚A对健康的潜在危险的讨论。"你必须拿出与化学品安全性相关的全部信息"才能处理这样的问题，资料最好来自第三方，这会比塑料业本身的更可信。为了这一目的，塑料业赞助了对可疑化学品的研究，但是研究却有很强烈的倾向性，其结果显示受质疑的化学品的安全性要比独立研究者所得出的结果高得多。伯恩斯坦称之为提供信息，批评者称之为引起质疑。

塑料袋不会引起恐惧，但伯恩斯坦认识到，它们确实会使人因消费和随处乱扔产品所造成的浪费而感到罪恶。解决这一问题的办法是让人们对一次性塑料产品自我感觉良好。这意味着要进行公关活动来提醒人们塑料品的好处，以及塑料业赞助议案的好处和促进回收的计划，他称之为"罪恶消除"。回收向人们保证塑料不只是可恶的挂件，它也有有用的晚年。他解释说："当人们的产品被回收时，他们会对此增加好感"。然后他们就不想禁止塑料了。

伯恩斯坦在20世纪80年代末，当公众刚开始对塑料包装发出不满的声音时，他就学会了缓和罪恶感的方法。由于人们对填埋空间减少的恐惧引发了一场要求禁用泡沫聚苯乙烯外带盒和其他可见的塑料垃圾的运动。

为了回应,7家主要的树脂制造商,包括杜邦、陶、埃克森和美孚发起了一场特别行动,伯恩斯坦称之为"打击力量",创造了当时根本不存在的塑料回收产业。这一团体花费4 000万美元开发塑料回收技术并向想要启动回收项目的社区提供技术帮助和设备。这对回收来说是一件大好事,但承诺却很空洞,一旦政治狂热消退,支持也就烟消云散了。

更有分量、时间也更长的一笔投资是2.5亿美元,在报纸和电视上进行长达10年的广告宣传,着重强调塑料在增强人们的健康和安全上所起的作用,重点重申诸如自行车头盔和防止包装被破坏的塑料产品上。统计表明,塑料使之成为可能的运动成功地提高了人们对塑料的喜好程度。人们仍然认为塑料会造成严重的废弃问题,但他们不再嚷嚷着要禁止塑料了。

这不仅由于向支持塑料者提供了胡萝卜,也由于塑料业挥舞起了大棒。塑料业积极的游说成功击败或捣毁了数百条限制条例。伯恩斯坦骄傲地回忆,"在那时,从根本上说,没有禁令。在回收、公关和强力游说之间,没有产品被踢出市场"。

美国化学委员会用了同样的剧本开始进行大规模的公关努力,用Facebook(脸书)、Mylecyle(到2010年8月每月只有7名使用者)、一个YouTube频道、Twitter(推特)网、博客等来接近大众,并赞助艺术展和服装秀来传递"塑料是匹黑马"的信息。

同时,伯恩斯坦在指挥政治上的战斗。他小心地选择战役,集中于高曝光率的城市和州,以期用钱产生最大的影响。例如,此团体在2007—2008年的立法会期间花费了570万美元,当时发生了最激烈的关于塑料袋的争论,在2010年的几个月内几乎花费了100万美元,当时立法部门正考虑一项全州禁令的提案。通过强调纸袋对环境的影响,美国化学委员会成功地在纽约、费城、芝加哥、安纳波利斯和罗得岛州以及其他地方把旨在禁用塑料袋的行动转化为商店主动或者强制性地开展回收计划。

但战斗要求美国化学委员会对重复使用的问题直接作答,这是塑料业能玩弄的人们,对一次性用品混合感受的地方。例如,在西雅图,这一组织进行了一次积极的活动,对抗2008年由市委员会通过的要求杂货店对每个袋子,包括塑料袋和纸袋收费20美分的草案,这是一个旧金山最初想采取的办法。法案如果保持不变,此法案就标志着倡议重复使用者的最大胜利。你会想到的是像西雅图这样的乌托邦城市(公共用途部门会用山羊,而不是除草剂来清除杂草),这里不会是塑料业摊牌的地方。但是伯恩斯坦和他的同事们在看了城市所做的民意调查后,意识到他们有胜利的希望。调查表明大多数西雅图人愿意接受塑料袋禁令。同时，他们不愿意在杂货店为此付费。他们能够过没有塑料袋的日子，却不愿意失去杂货店提供免费一次性使用的袋子的便利。这种复杂的感情（不只限于西雅图人）为美国化学委员会提供了一个机会。

这一组织花费了超过18万美元，成功收集到足够的投票签名来推翻这个收费草案，然后又花了140万美元用于选举，这是此城市至少15年来用于选举的最大开销。委员会雇佣曾经策划过著名的哈利和路易斯的广告，并击败克林顿时代有关养老改革议案的同一家公关公司，策划了一个广告宣传活动，把这个费用（市民可以不去购买塑料袋而避开此税）塑造成一种强制性的税费，正如在下面的无线电广告中所说：

男士："你听说可能要对购物袋征税了吗，纸袋或者塑料袋，是吧？"

女士："这样的经济形势下还要加税？……但大多数人都已经在再次使用和回收这些袋子了"。

这个运动坚持认为此项费用会使每位消费者每年花费300美元，假设每个消费者每年购买1 500个袋子，或者每周28个袋子。不管一个人是否真会购买这么多袋子，但在经济大萧条的时期，抛出这样有力的论点是很难令人反驳的。很难找出一些词语来清楚表达出隐藏的环境成本。另外，倡议收费的人士（如山脊俱乐部和普吉人）只能筹集到相当于美国化学委员会战斗费用的一小部分，这使他们与美国化学委员会的费用差达到14∶1。到选举的时候，没人会对选民拒绝这项收费感到惊讶。

第二年，当加州立法者提议限制所有一次性购物袋时，美国化学委员会采取了相似的策略。州里设计的措施是通过禁用塑料袋，并要求杂货店对每个纸袋至少收费5分钱，从而推动加州人使用可重复用的袋子。由于加州的政治影响力，美国化学委员会和其同盟公司埃克森美孚以及希莱克斯保利，尽全力来击败这一措施，总共花费超过200万美元，包括给州议会中关键的立法者提供捐款，并通过报纸和无线电广告闪电般攻击萨克拉曼多（立法者居住地），谴责这一收费是一项退化税，会使加州人每年花费超过10亿美元。美国化学委员会甚至通过基金和公共研究来攻击重复使用的袋子，研究表明袋子可能是食物滋生细菌的温床。美国化学委员会在一家网站上号召投票者"停止做袋子的警察"。并提出，"与其浪费时间告诉我们如何包裹物品，立法者更应该解决我们的真正问题，包括巨大的预算赤字、房屋丧失抵押品赎回权以及数百万的失业工人"。这些论点很可能跑题，但即使是禁令的支持者都佩服他们玩弄加州政治气候的狡猾手段。莫瑞说，他们使对袋子的关注看上去很傻，好像那是"政府老太太要管的事情"。此时加州有190亿美元赤字，而愤怒的州立法者批准预算已经晚了几个月，没有任何立法者希望被看作是能禁止袋子使用，却无法组织好加州财务的人。最后，州参议院以21:14否决了这项议案。

然而，支持禁令的空前的联盟——环保团体、回收团体、工会、州杂货店主和零售商，甚至施瓦辛格本人，说明塑料袋在加州的日子不长了。实际上，莫瑞和其他策划者直接转移了焦点，如他所说，把问题"带到地方去"。后来的几个月里，很多城市，包括圣何塞、洛杉矶和圣莫尼卡开始计划限制T恤衫塑料袋的使用。与早期的反塑料袋措施不同，此次目标也要限制纸袋。

加州一直是一个领导者，领先潮流，其他各地随后跟进。很难知道在塑料袋案例中是否也会这样，在加州政坛引起广泛关注的海洋垃圾和废物是否会在全国产生相同的效果。美国化学委员会可能已成功压制了大多数的禁用令，但它强力的游说却未能阻止哥伦比亚特区委员会通过对塑料袋征收5美分的法令，此收入将用作清理特区满是垃圾的阿娜卡斯蒂亚河的基金。2009年推行的口号是"省去塑料袋，拯救河流。"居民开始时还在抱怨，但大约一年后，据市政官员所说，消费者和店主已接受并真的少用了很多塑料袋。特区经验表明如果其真实费用清楚，人们会愿意为方便而付费。

除了政治斗争，美国化学委员会继续推进经得起时间考验的罪恶清除——回收。它带头发起一系列的回收塑料袋活动，从购买数百个回收桶到把它们安装到加州海滩，用于支持商店回收计划。在2009年的地球日，美国化学委员会宣布了一项更大的决定：开始生产与纸袋所包含的回收物质等量的可回收环保塑料袋。迄今为止，这种袋袋间的循环并未被广泛实施，因为新袋子很容易制造。少量回收的塑料袋一般用于生产塑料型材，常用在装饰和围栏上。但美国化学委员会承诺通过新的计划，塑料袋制造商将花费数百万美元更新设备。到2015年，40%的T恤衫塑料袋会来自回收的塑料袋。美国化学委员会估计，这个计划会回收高达2.13万吨的塑料。

马克·莫瑞的反应是"有点太少，有点太晚"。因为即使最初的计划完全成功，也只能回收360亿个塑料袋，只占美国人目前每年消耗塑料袋的三分之一。莫瑞和其他批评者一直认为T恤衫塑料袋并没有回收的经济价值。它们几乎无重量，这使人们很难收集到足够量的袋子回收它们并产生经济效益。在路边收集塑料袋很困难，这是因为袋子非常容易被吹跑，而美国化学委员会所推动的店家收集计划所收集到的塑料袋，只是使回收比例在个数位上有所增加。很显然，回收袋子总比扔掉好。但塑料袋回收的实用性已大大地远离主题。美国化学委员会需要回收计划来缓解人们使用塑料袋的罪恶感。如果能说服我们塑料经过一次购物旅行后还可以再用，那么我们可能就不会去考虑塑料袋实际和象征意义上所被赋予的资源浪费了。那么当需要维护塑料袋（或者任何其他一次性使用的塑料品）时，美国化学委员会的发言人现在不断重复的就是："塑料是一种宝贵的资源。太宝贵了以至于不能浪费"。

当然这并非巧合，因为这正是零废物倡导者在解释为什么他们要攻击塑料袋所用的话语。对旧金山的罗伯特·哈利来说，塑料袋是终极浪费的例子，将有价值的非再生资源转移到几乎无价值的短暂产品上。哈利说："塑料应该是高价值的材料，它应该被用在持续很长久的产品上，在寿命到时进行回收。用几百万年产生的石油和天然气去制造只能用几分钟或者几秒钟的一次性产品，然后就废弃它，我认为这不是利用这种资源的好办法"。

当你考虑一下上千年来人们搬运东西并不依靠塑料袋和纸袋这个情况，关于塑料袋争论的愚蠢性就变得清楚了。很高兴，我们不用回到太远的时代，就能找到未来的袋子。一种由任何材料制成的能够重复使用的购物袋——棉、麻、聚酯纤维、尼龙、聚丙烯网，回收的苏打水瓶，甚至是厚的耐用的聚乙烯。不论材料是什么，只要它能被频繁再次使用，就是对今天免费品的改进。

并非所有一次性产品都如此容易被替代。但是事实上塑料袋却能够转换为持久的替代品，这是像莫瑞这样的积极人士投入大量精力进行塑料袋战争的一个原因。莫瑞说，在结账处站立时的选择，是使人们去思考他们的行动对环境的影响，这是很重要的第一步。他说："你如果能使人们带自己的袋子来到商店，这就是他们在生活中做出的对环境的声明。这是进入环保活动的入口，我认为它会扩展到人们愿意做的其他事情上"。任何曾经试图戒烟、节食或者坚持定期锻炼的人都可以证实，改变我们的行为方式，去做些我们理论上知道会对我们有益的事情并不容易。那么你该如何鼓励人们改变他们的方式，培养对环境更健康的方式呢？亚利桑那州立大学的心理学家罗伯特·西堤尼对有关如何敦促人们做出更环保的负责行为进行了多年的研究。令人惊讶的是，最好的方法并非要求人们去自省，而是让他们向外看，看他们的同伴。西堤尼说："你只要告诉他们社会的规范即可"。并不是说人们不知道乱扔垃圾是错误的，或者在离开房间时应该关灯。西堤尼说，但是人们忘记了，变得粗心，或者需要提醒。在一项研究中，他发现让宾馆客人重复使用毛巾的最好方式是在房间里放一张卡片，告知他们其他客人会这样做。这个声明比放一张只告知客人他们应该再次使用他们的毛巾那样有利环境，或节约能源，或能使宾馆省钱，从而对房间的收费降低的卡片更有影响力。另一个例子：西堤尼帮助策划了一个公共服务宣言，旨在鼓励亚马孙居民回收资源。根据广告来说，基本上亚马孙居民支持进行回收的人，反对不回收的人。它宣布回收是社会规范。据西堤尼所说，大多数广告只能鼓动

1%～2%的人采取行动。"那些公共服务宣言使回收量增加了125%。这是以前没有听说过的"。

过去3年我们所看到的关于袋子的战争是令人感到沮丧的,因为政治上只是在寻求简单的答案,所推行的政策也不能有效地改变人们的思维方式。收费和公共教育运动帮助培养对多次使用物品的共同的社会价值观。对照来看,禁止会利用和强化人们对塑料的自发厌恶感,而不会鼓励人们质疑他们对任何一次性袋子的依赖。至少在我的家乡旧金山所感受到的是这样。

一位独立的顾问在2008年参观了城市里的54个大型超市,发现他们都在分发袋子,很多情况下,不论是否需要都发放双层袋子。确实,纸袋可能很容易回收或降解,当旧金山仍在消耗数以千万只为从超市到家里的一次性旅行的购物袋。尽管有禁令,市里仍然充斥着塑料袋,因为禁令只适用于大型商店和超市。小商店和农产品市场、外带饭店、服装店、五金店以及很多其他零售店仍然在发放T恤衫塑料袋。每天早上,不论是晴天还是雨天,我的报纸都会装在管状塑料袋中到来,而且常是双层袋。我在3年内只带回家很少的塑料袋,但我的清洁用品室里两个装袋子的盒子还总是爆满。

尽管禁令有很多缺点,但它们仍使公众去谈论我们的一次性使用习惯。令人感到希望的是随处乱扔的做法正在改变。重复使用的袋子制造商报告其销量大增;凤凰城制造聚丙烯网的公司的销量在2008年上升了1 000%。加州的一家公司奇扣袋,其售价5美元的聚酯纤维袋当年销量翻3番,而且在持续增长。同时,一些塑料袋生产商看到了一个新的市场机会,并更新设备用于制造更厚的可以真正多次使用的聚乙烯塑料袋。

我花了一天时间在旧金山3家不同的购物店,做了一项自认为并不科学的调查。当大多数购物者都推着堆满纸袋的购物车出去时,有少量的人,大概10人中有2人,会用可再次使用的袋子——有旧的帆布袋、很重的塑料手提袋,或者镇上正在销售的1美元一个的聚丙烯网袋来装他们的物品。这些坚定的少数派中,几乎每个人都说他或她在过去的一年左右已改为使用可反复用的袋子。我拦住了一位购物车中有5个袋子的女士。她说她开始自带袋子大约有1年了,"只希望对环境友好"。她车里可重复用的购物袋看上去很新而且洁净,我问她是否有很多这种袋子。她回答:"不,我有5个左右,而且我总是把它们放在车后备厢中,我也尽量不浪费它们"。

七

形成循环

纳撒尼尔·维斯·欧分经常称自己为"另一个维斯",以区别于他著名的艺术家庭：他的父亲N.C.维斯和姐弟安德鲁与海莉薇。从小他就知道他不会进入那个艺术殿堂。他对齿轮和小器具，而不是对墨水盒画笔特别着迷，以至于在他10岁时，他的父亲把这个男孩的名字从纽厄尔（他自己的名字）随他工程师叔叔的名字改为纳撒尼尔。维斯接受培训最终成为一名机械工程师，并在1936年加入了杜邦公司，他在此工作了近40年，在塑料和其他材料的发明上掀起了一场风暴。使他愤怒的是化学并不能使他得到像艺术一样的赞赏。他指出，画家只需要想象一幅图画，然后把它放到画布上，而聚合体工程师却要想象出全新的分子，使之成为物质并发生作用。正如有一次他告诉采访者："我和艺术家是在同一领域创造，但他们更光鲜一些而已"。

使他在塑料名人堂中拥有一席之地的创意行动，开始于1967年这样的一个问题：为什么苏打水只能装在玻璃瓶里？同事们解释说，塑料瓶会在碳化的压力下爆炸。维斯对此持怀疑态度。他买了一塑料瓶的清洁剂，倒掉液体，把瓶子里装满姜味汽水，并把它放到冰箱里。第二天早上当他打开冰箱时，瓶子已经鼓胀，他几乎很难把它从架子间拿出来。维斯确定一定有某种办法来解决他所说的"汽水瓶问题"。只需要试验1万次就会找到解决办法。

维斯知道一些聚合物经纵向拉伸拉力强度会增加；用于制造苏打水瓶聚合物的纵向和横向强度都要增加。这个挑战需要有一种特殊的聚合物和新的制瓶体系来完成，维斯都找到了。他使用了一种叫聚对苯二甲酸乙二醇酯的聚合物,先做成一个小试管形状的模具,然后再使其膨胀成全尺寸的瓶子。这种方法能使分子重新排列并提供了全新的结构强度水平。这样他就得到了一个塑料瓶,其强度足够承受所有加压的气泡,而且也非常安全,能够获得美国食品和药品监督管理局的批准。它与玻璃一样透明,而且防摔,重量比玻璃轻很多。它里面装着充满二氧化碳的汽水,外面很薄的壁能够阻隔氧气,使汽水保持新鲜。这种聚酯瓶只是另一种普通的塑料品,默默地满足人类巨大的需求而已。

维斯在1973年申请了专利。可口可乐和百事可乐很快就采用了这种聚酯瓶,就像许多塑料故事一样,很快就有了无数的聚酯瓶。现在美国出售的2 240亿个饮料瓶中,有三分之一是聚酯瓶,这种聚合物也叫1号塑料,是以1988年塑料业采用的树脂编码指定的。

聚酯瓶的惊人成功带来了很多改变,但这是1990年去世的维斯无法想到的。汽水制造商可以更容易地用大瓶包装他们的饮料,这与大约一个世纪前可口可乐进入美国人家冰柜中那种很讲究的约184.28克的小瓶相比差别很大。大瓶可以装下原来的3～4小瓶,家庭装的瓶子可以装下约2.8千克饮料。更大的瓶子可以激发更大的消费。2000年,平均每个美国人每年能喝约189.27升的苏打气水,这是聚酯瓶发明前的2倍。而消费量越大,体重也越重,这也是营养专家们对上升的苏打汽水消费量和2型糖尿病上升比率相关性的担忧。

维斯奇迹般的产品也使人们养成了携带饮料的习惯。从前,大多数的啤酒和苏打水都是在酒吧和饭店消费的。现在可不是了。想一想有多少你常去的便利店或街角熟食店把店内的地方给了冰冻苏打水、果汁、茶和瓶装水。饮料业毫不掩饰地称这样的店为"立即消费渠道"。提供易拉罐式饮料已成为饮料业最大的一部分。市场上迅速增长的被携带的一部分是瓶装水——正是由于聚酯瓶才得以存在的有争议的产品。如果它们要用沉重、易碎的玻璃瓶装的话,那些带有标签的水还会成为21世纪不可缺少的附属品吗?

当维斯尽力解决汽水瓶问题的时候,他可能并未去想汽水喝完了,瓶子该怎么处理。在那个时代,使用寿命的问题并不是聚合物工程师们要考虑的大问题。维斯所在的是瓶装产品商人必须定期收集空玻璃瓶并清洗、填充的时代。当他完成了聚酯瓶的设计后,饮料业已经准备放弃那种两步走的模式了。这是一个在第二次世界大战时期就开始的改变,当安海斯·布希和可口可乐公司把几十亿的瓶装、罐装饮料和啤酒运给海外的士兵时,公司就知道瓶子不会再运回来。但士兵们却回来了,不需要退瓶的方便性迷住了他们,因此创造了一种使啤酒罐得以生存的需求。州际高速公路系统的畅通也促进了向免退瓶方式的转变,这使得饮料业用船长距离运输物品成为可能，去掉了地方装瓶的需求。轻质、免重新填充的聚酯瓶保证了饮料业所说的"一次性"的改变。

塑料瓶加剧了这种一次性转变的后果，使一种无法降解的垃圾进入人们无意中扔在路边、海滩、公园的越来越多的垃圾中，也出现在人们每周扔掉的物品和包装中。被遗弃的苏打水瓶在这种便利的新风气下是一个必然会出现的很难堪的情况，也是一个本来看上去会带来快乐，却使你质疑它与人的关系变糟糕的符号。越来越多的塑料瓶也使人们对新出现的回收运动形成了敏感性。除此之外，塑料瓶自身也为这一运动的扩大提供了材料基础。我们现在有一整套基础设施，使公共和私人企业通过循环方式再次将那些一次性用品制成新的原材料和产品，从而减少日益扩张的废物流对环境造成的负担。如果回收有标志性的目标，那一定是聚酯瓶。

这是由于聚酯瓶分子的活跃度，它是一种很容易用后回收再利用的聚合物。可口可乐和百事可乐公司刚开始用聚酯瓶装饮料，第一批聚酯瓶就被用作包装袋和画笔刷毛的材料。但是老字号的纺织纤维制造商威尔曼工业却发现了空瓶子更重要的第二种用途：聚酯纤维的原料。威尔曼用不合规格的工业废料制造聚酯已有很多年了——这种策略相当于告诉供应商，我们喜欢你们犯的错误。再犯一次行吗？聚酯瓶的到来可以说是一笔横财，天赐的人造品。突然，公司就有了数千吨的廉价原材料用于生产衣物、睡袋填充物和家具。在20世纪90年代，公司开始与新英格兰一家老牌羊毛厂和户外用品制造商巴塔哥尼亚合作，把用过的聚酯瓶用于制造人造羊毛，这兴起了一场迄今仍然很繁荣的绿色时尚运动。2010年世界杯的很多球队，至少是由耐克公司赞助的那些球队都穿着由聚酯瓶回收而制成的制服。

聚酯瓶与其他塑料制品不同，它的成功包括了成功的资源回收所必备的3个基本条件。首先，由于每年有几十亿的产量，可以很容易获得。再者，它很容易再加工。最后，它有无数的二级市场。全世界的制造商都嚷嚷着要用聚酯瓶来生产T恤衫、地毯和更多的新瓶子。一个空的聚酯瓶会被全球回收网络中的各种人士所珍视，从街头的拾荒者到资金数百万美元的企业都是如此。

即使如此，大多数的瓶子还是没能被回收。

从全国来看，我们只回收了全部聚酯瓶的四分之一，就像我打字的时候，在我桌上的这个567克的健怡可乐瓶一样，是我每天罪行的一个标识。所以按每年初步估计生产720亿只瓶子来算，大约有550亿只会被填埋或丢弃。这是几乎足够为每位美国居民织3件毛衫的聚酯量，也足以为120万户家庭提供全年的保暖和用电的能源总量。无论怎样测量，550亿废弃的瓶子的确是一种巨大的浪费。

在另一个塑料的矛盾中，聚酯瓶这个资源回收的有趣故事，也是它面临巨大挑战的象征。我们所回收的塑料比其他商品材料都少，只有差不多7%，而玻璃品回收量为23%，金属为34%，纸张为55%。简而言之，我们正在埋葬我们曾经花了大价钱从钻土地、挖矿井、炸山中所得来的同一种能源密集型分子。这怎么能说得通呢？正如塑料袋评论家罗伯特·哈利指出，当我们把宝贵的分子放到设计最简单用途的产品中去时，我们不可避免地会对它们的价值视而不见。我们忘记了像一个用过的汽水瓶这样的物件是一种值得回收的资源，而不是要被抛弃的垃圾。我们怎么做才能转变人们的观念，使人们更珍视塑料，而不是将其看作"一次性"？

在20世纪前，废物并不是什么大问题。路边的垃圾桶及上面的分类标志可能是现代的新发明，但从历史上来看就一直在回收和再利用资源。工业革命前的英国非常热衷于进行服装、金属、石头和其他材料的再回收和再利用，一位历史学家称这段时期为"物资回收的黄金时期"。直到19世纪中期前，纸张完全是由我们今天所说的"后消费物品"，即用过的破布制成。在美国内战期间，布和纤维供应短缺，纸张制造商就进口了埃及木乃伊以便使用它们身上的亚麻包裹——当然这是历史上最长的一段回收循环。

就美国的大部分历史来说，美国人制造的垃圾量相对较少。包装是现在废弃物中比例最大的，当时几乎不存在。当时大多数的食物和物品都是散装出售，而且几乎没有人有什么资源可以浪费。历史学家苏珊·施特拉瑟在她那本有关垃圾社会史的书《废物和需求》中指出，再利用是一个日常的习惯。女人把残余的食物煮成汤，并把剩余的东西喂给大多数家庭都会饲养的猪和鸡。旧衣服通常被缝补、拆成布条或者做成新的外套。破碎的物品要修补、拆成零件，或者卖给流浪的小贩，他们也会拆解并把其中的金属、玻璃、布条、皮革和其他材料卖给工业企业。贫穷的孩子会在郊外寻找能够卖钱的有用的废弃物，就像今天发展中国家的孩子所做的一样。完全不能用的东西会被掩埋，施特拉瑟写道，特别是对于穷孩子，"是垃圾温暖了房间，并且煮了晚饭"。不断的循环旧物不仅使每户人家得以生存，而且为早期的工业化提供了关键的原材料资源。

在20世纪初，这种非正式的循环系统开始消退。一方面，人们开始得到更多的一次性产品和包装。另一方面，激进的时代改革者推动把世纪之交时拥挤城市中滋生的流行性脏乱，打扫干净，建立政府级别的垃圾回收系统和引进垃圾掩埋场。从此之后，进入美国人生活越来越多的产品和材料只有一个最终目的地：垃圾箱。废物不再是潜在的价值和机会的来源，而是一个问题。只有通过在地上挖坑并埋掉或者建焚烧炉烧掉它们才能解决问题。垃圾的价值只能由倾倒垃圾的收费来衡量。

20世纪60年代末,受到新出现的环保运动的影响,情况开始出现转变。环保主义者担心那些未受管制的掩埋场出现化学泄漏,也对逐渐增加的垃圾量而感到担忧,而且确信我们正在以惊人的、令人无法忍受的速度耗尽地球的资源。为了唤起以前重复使用的风气,1970年,在第一个地球日前后几个月有数千个自发的草根回收项目出现了。但这一运动直到20世纪80年代末才形成气候,这是在1987年纽约的垃圾船"Mobro4000"号花了几个星期在美国东海岸巡游,寻找倒垃圾的地点之后,国家才确信正面临着掩埋场短缺的严峻问题。结果表明,"Mobro"号的困境与其主人的财务问题,而不是垃圾掩埋空间关系更大。无论如何,被这次垃圾船史诗般的流浪所唤醒,现代资源回收运动开始起飞了。到20世纪90年代中期,大多数州都采纳了全面的资源回收法,并宣布回收的目标和目的是减少投入垃圾掩埋场的废物。社区开始把街边的回收桶和回收中心纳入固体废物回收计划中。废物运输业者建造了数百个材料回收设备,用来细分所收集到的可回收物品。致力于回收用过的材料的公司也不断出现。

同时,在1988年,塑料工业协会引进了一种编码系统帮助制造商和回收者识别他们所处理的塑料包装。这就是你今天在瓶子、罐子和其他包装底部所看到的小数字。这个码并不是为了保证物品会被回收,但消费者一般都会这样认为,这是因为数字周围有一个三角形的循环箭头——国际通用回收标志。按塑料真正被回收的数量是如此之少来看,这样的误解的确会使回收专家发疯。

树脂编码包括用于包装的6个主要塑料材料:1号代表聚对苯二甲酸乙二醇酯;2号表示高密度聚乙烯(HDPE),这是用于制造装牛奶和果汁的容器,以及T恤衫塑料袋的材料;3号是聚氯乙烯(PVC),用于制造果汁瓶、包装电子产品的发泡包装和一些保鲜包装;4号是低密度聚乙烯,用于制造冷冻食物袋、可挤压的瓶子、一些保鲜膜以及有弹性的容器盖;5号是聚丙烯,可制造酸奶瓶、人造奶油盒、瓶盖和用于微波炉的器具;6号指的是聚苯乙烯,用于制造发泡的鸡蛋盒和外带食品容器,或者是一种坚硬透明的状态,它被越来越多地用于制造产品、消费物品和外带食品的硬质塑料盒。最后一个分类,7号包括所有其他类型的塑料。它与双酚A的联系——在许多硬质水瓶中被发现,包含聚碳酸酯,使消费者很警惕,也给其他种类的塑料制造商抹了黑。没有制造商希望7号会印在自己的产品上。

这个编码对于今天用于包装上多样的聚合物并非一个很好的指导,只是简单地标注为7个号的号码分类、扩充和修订正在努力进行中。但如果回到20世纪80年代至90年代,这一编码对于快速形成的回收结构提供了有价值的世界语言。现在这一系统本身就像回收码一样不可信,这是由于政府的承诺不确定,人们的环保观念还只是认为把废弃物丢进垃圾箱就会减少垃圾。

大多数美国人现在已经接触资源回收(尽管不一定通过街边回收计划),它已经是我们从事的最受欢迎的环保活动。但这真的有用处吗?尽管我每周都自觉地把空可乐瓶放入我的蓝色回收桶中,但我真不知道此后会发生什么。就我所知,我的瓶子开始一段史诗般的旅程,沿着瓶子走会带我到我以前从未去过的一些地方,穿越全球,进入到一个既古老又后现代的经济体中。星期二早上8时20分,我能听到在大楼一侧的液压回收车工作时发出的嘶嘶声。我匆忙来到外面见了司机比尔·邦奇,他之前同意让我跟着他的车走。

我所住的旧金山可能号称在全国拥有最强大的资源回收计划了。为了把尽可能多的废物从城市的掩埋场转移走,旧金山已强制进行资源回收,居民也被要求把剩余食物和院子里的废物进行堆肥。城市的官员承认他们没有足够的资源来执行这个法律。然而,由于这个伟大的目标,居民已被鼓励把相当多的各种塑料放入回收桶中,包括从1~7号全部。这意味着不只是有大多数回收计划中的饮料瓶和牛奶罐,还包括酸奶盒、旧玩具、花盆、牙刷、CD盒、一次性塑料杯,以及其他大多数社区计划中不经常包括的非包装性塑料。只有几种塑料我无法放入回收桶:塑料袋、保鲜袋和保鲜膜,因为它们会在回收工厂缠绕住设备,还有泡沫聚苯乙烯,因为它们在第二级市场的应用性差,以及可生物降解和堆肥的塑料,因为它们在设计时就可用于堆肥而不是回收。

邦奇现年50多岁,自从高中毕业后就在旧金山的废物处理公司瑞卡洛基公司工作。与其他几名公司的雇员一样,他来自一个回收垃圾的家庭。他随着父亲和祖父进入这一行。当我问到他的孩子是否也会和他一样时,他强调说:“不,不,他们在上大学”。当他在街区里慢慢开车时,我沿着人行道在走,他在两个房子间停下来,跳下车,抓住垃圾桶。他怀念那些队员们开着卡车共同出车的日子。现在只有居民们出来和他打招呼或问问题时,他才有机会说话。蓝色桶代表可回收垃圾;绿色代表院子的废物、剩余的食物以及像比萨盒这样的纸质食品包装,它们会被卡车运到城市的工业化堆肥设备那里去;黑色桶代表任何不属于另外两类的东西。这种3个桶的系统是实现城市零废物政策的重要一步。使居民把废弃物分类装入桶中可以迫使人们去思考哪部分废物以后还会有用处。市民放到绿色和蓝色桶中的废物越多,他们的垃圾费就会越低,专家们所说的“当你扔的时候你就要付费”的方法能帮助提高回收率。

然而,在任何街边回收计划中,到底能回收多少垃圾都有内在的限制。公寓楼中的人们遵守较差,大多数旧金山居民住在这里,就丢弃垃圾的责任而言,它比独户楼房的更分散。房主很难检查,更别说保证所有租客都把可回收垃圾放入蓝色桶中。街边回收计划,按定义来看,旨在收集固定某处产生的垃圾。这意味着他们不会去收集日益增加的人们喝过之后随处乱扔的饮料瓶。一位塑料回收者告诉我,看一看加油站的垃圾箱吧,它们总是塞满了空瓶子。

那天早上,我很确定把一个星期积累的健怡可乐瓶放入蓝色桶中。但很奇怪,当邦奇倒空其他蓝色桶时,里面的塑料瓶却极少。相反,里面主要是报纸、纸板和玻璃罐。这是源于加州的瓶子法案:在加州,饮料瓶和罐可以换钱,所以定期会有人把它们从街边垃圾箱中一扫而空。邦奇说:"无家可归的人偷走了所有的瓶瓶罐罐"。它们最终还是会被回收,但那时是通过州的偿还计划,而不是城市的回收体系。

我本不应该对丢失的瓶子和罐子感到吃惊。几个月前,我曾和一位叫肖恩的无家可归者度过了一个早上,他是旧金山非正式回收经济体中的一个小人物。每天,他都要走在我的邻里周围40个街区的街道上,在蓝色桶中搜寻瓶瓶罐罐,他可以把它们卖给城市里的18个偿还中心之一。这些中心按州里设定的以磅计价的方式来付饮料瓶的钱,价钱会随着全球废物市场的价格波动。在我和肖恩一起的那一天,"一磅聚酯瓶价值96美分",这比铝价要少很多,比玻璃也低一些,但还是要比其他种的塑料价格高。

肖恩已是六七十岁的老人了。他是个很友好的人,白胡子、清澈的蓝眼睛、牙齿很少,特爱喝啤酒,以因果报应的观点看待他的无家可归生活。他受过良好教育,头脑很清晰,除了当他描述外星生命是如何重塑他的身体,并使他更强壮,更适应街头的生活时以外。但是,我仍然相信他过去的20年里,在户外生活是他自己的选择。以他的想法,这一切都是准备他自己也要被回收的时候。

我问:"你想有个家吗?"

他说:"不,因为你交出的越多,当你在来生回归时,你获得的也越多"。他已发现无论他需要什么,后来都会得到,不论是购物车,吃了一半的三明治或者一条新的裤子。他指着某家垃圾桶中的一个袋子说:"我在街上找到它们,瞧,那是一大堆鞋。我的衣服只穿一天。当我穿完后,我会把它们放到某些地方,人们可以回收"。

肖恩说,多年前的一天,他捡到足够多的瓶子去换15~20美元不成问题。但是现在,与其他依靠回收桶来生活的边缘人一样,肖恩发现桶已经在像邦奇这样正式的回收者到达前几个小时,由秘密在街头巡视的汽车和卡车捡干净了。在偿还中心,肖恩妒忌地看着一对老年夫妇倒空几十个里面装满所收集的瓶瓶罐罐的垃圾袋。中心主任告诉我,他们的收获可能并非来自居民的蓝色桶,而是来自他们已经谈妥的当地中餐馆和酒吧。这对夫妇那天赚了60多美元。肖恩只卖了5.41美元,几乎不够车费和一瓶啤酒钱。

瓶子法案所产生的财政激励有两方面影响。一方面,它们有助于收集,保证更多的瓶子进入回收流。加州回收了大约四分之三全州所出售的聚酯瓶——这相当于没有瓶子法案的州的6倍。然而在另一方面,只从街头垃圾桶挑值钱的东西收集的做法,剥夺了城市从废物回收和循环再利用计划中急需获得的税收。旧金山计算那些可出动一次多达10辆卡车的职业盗瓶者每年会使城市损失500万美元。有时邦奇在开车路上会遇到翻看垃圾桶的人。尽管他们的做法不合法,他却觉得自己无法阻止他们。

一次邦奇完成了自己的行车路线,就开车穿过城镇到达回收中心,这是我空瓶子的第一站。这里是县或者镇把收集到的混乱垃圾进行分类并打包出售的地方。旧金山的资源回收中心在2004年开业,它是一座占地有1.86万平方千米,造价为3 800万美元的,位于码头的巨大建筑。由于经常有与废物相关的设备,它坐落在城市最贫穷的,主要由非裔聚居的美国社区。我和他去的那一天,和其他几辆卡车一起,邦奇把车开进这个巨大的垃圾收集区,按下一个按钮使车厢倾斜,然后安静地看着远方,等着卡车把所装的回收物都倒到倾斜台上。他和其他司机每天会把成山的回收物倒到倾斜台上——平均每天700吨。卡车一开走,推土机就会隆隆地开进来并开始驶进这座山的一角,把一堆堆的废弃物运向几条运输带,运输带上升和斜道以及巨大的吸尘器组成高塔,分拣材料就在那里完成。

因为旧金山以废物回收闻名,所以我来之前就想到会看到一些极其高科技的系统。事实上确实有一些奇异的自动化工具。磁铁把铁罐盒吸走,一种叫漩涡流分离机的设备能推开铝罐和铜,使罐子能从工作线上掉入不同的桶中。旋转盘陡坡能使纸和其他轻质的东西上升,同时使重的东西掉入下面其他移动的工作线上。

但一谈到塑料分类,这一系统的处理工艺就不能与高科技同日而语了。塑料就是回收中的一大挑战。有很多种不同的聚合物,每种都有各自不同的化学和物理性质、不同的熔点以及不同的二级市场。史蒂夫·亚历山大这位消费后期塑料回收协会的执行部长说:"人们说塑料就是塑料,但一个牛奶瓶与汽水瓶的区别就如同一个铝罐和一张纸的区别一样大"。大多数塑料不能一起回收,但许多看上去很相似,又很难分拣。例如,PET就很容易同PVC混淆,它们都是透明的而且用于同种包装。但几个混在半吨重的PET瓶大包中的PVC瓶就会污染整个包裹,使之无法再利用,反之亦然。即使是几种由同种聚合物制成的产品也不能一同回收;一个被吹成形状的PET瓶与一个通过挤出而成型的PET饼干盘的熔点就不相同。把它们混合,就会最终得到一团无法利用的黏糊东西。有些机器如光学扫描仪、特殊的分光器,以及激光器能够区分不同的聚合物,但它们极其昂贵,而且很少,只有最大的区域性回收中心才拥有。这意味着分拣塑料品只能手工进行,这会创造工作机会,但也增加了成本。

当你不得不每天查看700吨的物品时,严格的分拣就不可能。传送带转得太快,在工作线上的工人无法仔细检查每件物品,更不要说去看它的树脂码了。因此他们只是寻找瓶子。把由PET制成的瓶子拿出来,就像我那天早上放到桶中的可乐瓶。然后是高密度聚乙烯,像装牛奶、果汁、清洁剂以及机油的容器。他们也通过颜色分拣高密度聚乙烯,因为无色容器的再生机会比较高,因此比那些亮黄色、草绿色或黑色的价值更大。塑料的颜色在重制过程中无法清除,所以任何黑色素最起码会使回收再制的塑料有点发灰。

旧金山鼓励人们投入到回收桶中的其他塑料品是什么?是我在回收中心的传送带上看到的快速转动的酸奶盒、装莓的盒子、油乎乎的蛤壳和烤鸡的盘子、吃了一半的鹰嘴豆沙拉盒,还有黏黏的花生酱罐吗?分拣工不会试图去分离这些混杂的东西。问题并不是里面残留的黏黏的食物,重制设备能把最油腻的罐子清洁干净。问题是这些塑料品在废料市场上的价值,还不够支付雇佣这些每小时17美元的分拣工的薪水。这些塑料品所带来的问题确实是一个鸡还是蛋的问题。许多城市的回收计划不包括这些塑料品,这是因为它们没有很强的终端市场,但是如果没有有保障的稳定供应,终端市场也无法发展。瑞卡洛基公司对这一难题的答案是把3~7号的塑料打包到一起,然后把它们作为混合塑料卖出去,把它们交到下游机构去分拣,找到它们再利用的价值。

我走到仓库的后面,看着各种材料制成的巨大的压缩块从分拣塔末端出现。几大包平坦的聚酯瓶被靠墙堆砌起来,附近有几小包有色的混合塑料包和集装箱,里面装了一半的2号有色瓶包裹。

到此时,我所看到的场景是典型的在任何资源回收分类厂中会发生的情况。但下一步发生的情况就大有不同了,这要看你住在哪里,其中包含了什么塑料。例如,如果我住在东海岸或者中西部,我当地的资源回收分类厂就很可能把包含我用过的可乐瓶的包裹卖给当地的PET回收机构,他们会将其切成薄片、清洗,并使碎片经过浮沉盒来把这些瓶子的碎片从瓶盖和标签碎片中分离出来(PET会沉在水中,而标签和瓶盖碎片会浮起来)。用于瓶盖的塑料,通常是聚丙烯或高密度聚乙烯,会被挑出来卖给制造商重新做成瓶盖或其他商品。PET的碎片会经过更进一步的清洁、处理，并最终以塑料片，或者以塑料粒的形式出售给制造商去生产新的PET产品，如聚酯纤维、包裹带、其他包装材料，甚至是新的苏打水瓶。我瓶子的一个可能去处是莫霍克工业，这是乔治亚州的纺织品公司，该公司用数万吨的回收PET来生产地毯。

但如果在西海岸，我用过的可乐瓶只能有一个去处。实际上，我投入回收箱中的大多数塑料品都去了中国。

中国？是的，中国。

多年来，对旧金山和美国西海岸的城市而言，把他们用过的塑料装上船，航行两个星期运到中国，要比用卡车把它们运往国内的回收厂还要便宜。实际上，甚至是美国东海岸的城市以及欧洲和拉丁美洲都会把塑料碎片运往中国。这是因为货船的装载量比卡车更大，燃料也很便宜。而且，由于美国从中国的进口量比出口量大，到达的轮船卸下货物之后经常空载而回。亚洲的船运公司从历史上来看就很乐意降低运费运货，这样他们至少可以在返程赚到一些钱。令人惊讶的是，通过分析，船运塑料到中国对环境来说也是有好处的。用塑料片可以减少中国本身需要生产的原树脂量，这意味着中国燃煤工厂能排放更少的温室气体。

中国之前接受全球大约70%用过的塑料。印度也接受了很大一部分，是另一个新出现的塑料大国。其中许多是由用过的PET瓶组成，中国人把其中的大部分制成聚酯纤维。需要很多纤维才够给10亿人做衣服。中国回收者出价要比西方对手高，这是因为中国塑料品制造商享有一个巨大的优势：廉价的劳动力。

当我去参观东莞市的一家回收厂时，我了解了这一切。东莞市是广东省工业快速发展的新兴城市。这家工厂的老板林托兰也是中国主要的塑料贸易协会回收委员会主席。我所接触的其他回收者对于我提出的采访都很不愿意，但林先生却很高兴和我交谈，很希望说明并非由西方输出的垃圾都像2008年《60分钟》片段中所描述的那样，最终都会由贫困的妇女和儿童在有毒的、非法的环境下进行分类和拆卸。那一年，这个节目追踪着来自丹佛一家回收公司的废电脑屏幕，来到广东的一个乡村，在那里，居住者每天都暴露在包含有害金属的电子废物中，这使得很多孩子铅中毒。在一个回收会议上，两个回收项目的经理坦白地对我说，这样的曝光使他们对所回收废物的去向很警惕。其中一位说："我可不想最后出现在《60分钟》节目中"。

林托兰是中国回收业中最早的实业家之一。在20世纪80年代，他曾是位于洛杉矶阿克石油和天然气公司的石油工程师，当时在香港的一些朋友联系他,请他帮忙联系美国的公司,希望他们把塑料废物运进来。林看到了一个可以回到中国,进入有潜在利润的新行业的机会。那时,他说:"没人知道该怎么做。碎片是免费的。在早期,许多人都赚了钱。现在,市场竞争越来越激烈了"。

他拥有几家工厂,包括东莞这家占地面积很大的,处理来自美国的后工业塑料废物的工厂——淘汰的原材料、收缩膜和包装、工厂的尾料。那些仓库只是把墙拆开的棚子而已,像占地过大的纪念碑一样。我走过高低不平的废料堆,感觉就像20世纪60年代电视中所演的《星球历险记》中的一个人。我穿过如山般的DVD封套,它们可能是大型商店送来的;一大捆至少有3.66米高的奇多包装袋,不知为何并未切割;像浮冰样的压缩收缩膜;还有成堆的一次性尿布的边角料。林说,对美国制造商来说,把它们打包运走都比他们自己处理要便宜得多。

当我们进入其中一个分类的工作棚时,原因就很清楚了。穿着围裙的几名妇女正从与她们身高一样高的大袋子中把成堆的塑料膜拖出来。有些人在小心地把上面的纸商标剪下,这是塑料膜清洗和处理为塑料粒或塑料片前的必备步骤。林说:"在中国这种工作,工资很便宜。他们人手很多。你在美国需要花好几百美元才能雇到一个人,你能花200美元雇到人吗?"

我问:"你是说200美元一个月吗?"

"是的,我们就付那么多。在美国是200美元一天……不值得花劳动力去分离那些材料。但在中国我们能做这样的事"。

所有的工人都是农民工,他们住宿舍,吃食堂,工厂在有绿化风景的地方,工厂清洁而且通风良好。工作棚里却充满热塑料的气味,以及先进的机器在进行清洗,把废料压成可用的塑料粒和塑料片的隆隆声。大多数工人都头戴安全帽,有些还戴了面罩,但我没看到有人戴耳塞或者用其他种类的安全设备。当我问林托兰他怎么知道他所处理的是哪一种塑料树脂时(这是西方塑料重制者用电子眼才能处理的难题),他说他通常可以通过多年的经验来判断。但如果需要,他可以采用点火测试:点燃样本,通过颜色和火苗的强度来确定聚合物的种类。

在另一栋建筑中,我看到一个男人正站在一个大机器上,并把大团塑料铲到里面去。这些大团很快融化,然后像灰色的意大利面条一样从机器的另一头挤出来,经过冷却水槽,然后被切成塑料粒,林托兰以后会用船运回给美国的制造商。

从全球的角度看,你可以说像林托兰这样的生意人正在转换世界的单向废物流动方向,使之成为一个生产循环。一位澳大利亚回收技术专家爱德华·科肖尔说:"商业界已找出了这个解决办法"。一个世纪前在邻里回收废物的小贩,现在正在一个更大的舞台上工作。旧金山零废物的政策是我受到鼓舞,并把坏了的圆珠笔、用过的塑料杯和有裂口的水桶放入回收箱中的原因,但中国对那些用过物品的需求才是它们能够被回收利用的保证。如果我住在芝加哥,一位当地废物清运人员会告诉我,情况完全不同。那些废物会被直接运进垃圾掩埋场。他解释说,试图用船把成包的混合塑料从芝加哥运到中国,经济上并不划算。而且此时,"它们在中西部也没有市场"。

为什么市场无法发展?中国对于美国用过的塑料的极大需求至少是部分的答案。所有那些运往亚洲的集装箱都表明美国正在错过其塑料经济中一个重要的阶段:回收用过的塑料。在过去10年,当PET瓶的回收量在稳定增长时,中国所购买的量也在增加。实际上,他们正把越来越多本属于美国回收者手中的用过的PET瓶拿走。在2009年,美国回收项目收集了创历史纪录的约65.32万吨重的PET瓶。但大部分都被销往海外,主要是中国。美国回收者只购买了44%,或者说约29.12万吨,这比它们多年前买的要多得多。来自塑料回收贸易团体的亚历山大说:"此种材料的长期短缺已限制了美国回收业的革新和投资"。它使那些在进行分拣和回收上更有效率、更有收益的技术无法发展和部署。

尽管因中国破坏了美国的回收计划,但这并不是使这些计划无法实施的唯一原因。从20世纪90年代初期起回收率就一直在下降,对于PET瓶来说也是如此。街边和随手丢弃的回收计划,依赖人们是否愿意把瓶子放到垃圾箱里去。正如一位分析者所说:"我们是靠感觉让人们做事,而那种感觉只能使回收率达到25%"。很明显,许多人感觉回收并不值得自己尽力去做。

为了吸引更多人参与回收,许多城市已采用单流式回收法,这样所有的东西都可以放入同一个垃圾桶。人们更愿意把垃圾桶拿到街边而不必区分纸张、玻璃、塑料和罐子。但是,在这堆杂物中,碎玻璃会混到纸张和塑料中;油乎乎的食物残渣会弄脏纸张。而这对于垃圾分类厂进行分拣来说就会更困难,费用也会更高。这种垃圾进出的方式很普遍:但研究表明进入垃圾分类厂的材料越复杂,分类出来的质和量都会越下降。通过单流式计划收集到的PET包裹经常会被纸张、碎玻璃和压扁的罐子所污染,这使它们在再销售市场上价值更低。一位回收专家告诉我,她曾拆开一包运往中国的混合塑料,从中发现了一个吸尘器。这种质和量之间的折中也使市里回收计划的成功大打折扣。

它还减缓了封闭的循环回收体系的发展,即用过的塑料瓶可以重新循环为新塑料瓶。封闭循环体系代表着物品以最环保的方式进行循环。把一个旧的塑料瓶变为新瓶抵消了对原树脂的需求,这最终是减少我们想要的物品所需资源的最佳方式。但美国食品和药品监督管理局对于回收的塑料用于食物级产品有严格的规定,这使得街边回收计划中回收的瓶子很少符合标准,因此许多回收的东西只能重新制作为聚酯纤维或者打包带。批评者们称这一过程为降级回收,这是因为它把瓶子重制为并非由原塑料制成的产品。降级回收也是其他种类的塑料进入再回收流程的普遍命运,例如购物袋会用于制作塑料木材,牛奶罐则会被制成挡板等。这样的产品可能都有其自身价值,塑料木材就有很多优点,但这些产品并没有减少现在日渐增加的原塑料的产量,这最终会使我们淹没在塑料垃圾中。

玛丽·伍德确信她知道一种方法,可以改善塑料瓶的回收和再利用。她是瓶子法案的积极支持者,如现在在加州和其他9个州所实施的法案。我2010年初在得克萨斯州奥斯丁的一次塑料回收会议中遇到了她。很难错过她,因为她的摊位上有个很大的横幅写着"塑料污染得克萨斯州",它在满是宣扬塑料的企业展览者中非常显眼。当然它是唯一一个强调回收失败后果的:一面墙上满是被塑料瓶堵住溪流的照片,还有一张照片是嘴被卡在塑料瓶中的鹈鹕的头骨。伍德和她的伙伴佩西·吉勒姆正投身于使所有的饮料瓶在德州都收取每个10美分的"还瓶可退费用"的实施,得克萨斯州是全国回收率最低的一个州。

吉勒姆说,他们的运动才开始几个月。吉勒姆是一位充满活力的60岁左右的老人,她有着卷曲的头发,一笑就露出齿缝。她是通过一位长期看管一条横跨休斯敦的河流的朋友而加入这项运动的。她的朋友相信唯一能阻止河流中垃圾堆积的方法是通过瓶子法案,他要求吉勒姆帮助开展这项运动。她解释说:"他知道我有一颗绿色的心"。她又招她的朋友伍德加入。她们两人很快就决定辞去现有工作,全身心投入到推动瓶子法案的工作中去。

伍德也有60多岁了,在政治活动中是个新手。尽管她是山脊俱乐部的长期支持者,同时非常积极地参与当地草原修复和动物拯救计划,以前却从没直接搞过运动。但瓶子法案似乎是一个对塑料垃圾问题非常直接的解决办法,所以她选择承担这一重任。

尽管这一抵押法案的具体细节每个州都不一样,运行机制在很大程度上却相同,例如,一个商店卖出一瓶可口可乐,就会付给可口可乐的分销商一笔钱用来抵押瓶子。当我在一个有瓶子法案的州买到一瓶可口可乐时,我就会付给商店抵押金(通常是5分钱或1角钱)。我喝完后,就可以把空瓶子拿回去,并拿回我的抵押金。商店也可以从分销商处取回抵押金,外加一笔处置费,一般来说是1～3美分,用于负担处置空瓶子的费用。在一些州,空瓶由商店收集,在其他州,可以通过退瓶中心或者自动退瓶机来完成。

伍德说,这些法律能够推行是因为它们很合理。"瓶子法案已经证明只要有金钱的吸引,人们就会去回收"。她开始列出一些数据:实行瓶子法案的州的瓶子回收率至少是不实行州的2倍。密歇根州每个瓶子的回收价是10美分(是全国出价最高的地方),因此回收了超过90%的PET瓶。该州也是全国垃圾率最低的州之一。她说,当你使那个空瓶具有价值时,就会有人捡起来把它交还。否则,它回到回收流程的可能性就非常小。

我根本不用走出举办会议的宾馆大厅就能体会到她的观点。坐在那里的咖啡店,我看到一位参会者非常自觉地把空橘汁瓶交给服务员,很明显他认为服务员会把瓶子扔进回收桶。她笑着接过瓶子,看他走了后,就把瓶子扔进了垃圾箱。尽管距宾馆一个街区远有一处回收中心,该店却并不回收空瓶。在休斯敦,伍德的家乡附近,街边回收能否成功,取决于周围邻里。此计划缺乏经费,如果需要回收桶还需要等待(了解到有等待名单,一位旧金山的积极人士发起募捐,赠给该市200个回收桶)。在伍德居住的城郊,根本没有路边回收,因此她和丈夫会驱车24.14千米把他们的空汽水瓶送到休斯敦城市回收中心。她说:"不会有很多人想这么做"。

为了取得对法案的支持,她和吉勒姆正试图提出这项法案不仅对环境有好处,也有经济效益,会给州里带来工作机会和金钱。她们一整天都在展厅工作,希望能够取得业界的支持。

她们来对地方了。会议自始至终的一个主题是回收者抱怨要得到干净、可靠的PET瓶的供应难度很大。他们高度依赖实施瓶子法案的州。实际上,全国所回收的大多数塑料瓶都是由那些州所提供的,特别是那些把旧瓶子再生为新瓶子的处理者所收购的瓶子更是如此。但就我在会议中回收者口中所了解到的,国内的供应并不够。有太多的瓶子被卖到了中国,以至于美国的回收者通常会购买来自墨西哥、拉丁美洲和欧洲已用过的瓶子来维持工厂的运转。吉勒姆说,干净的废瓶子市场"是如此成熟,我们所要做的就是收集它们,会有人准备把它们买光的"。

然而,这两位女士知道她们在进行一场激烈的政治斗争。自从1986年以来,除了夏威夷在2002年推行了瓶子法案,就没有其他州成功通过该法案,而且还有不断要求废除现存法案的运动。最激烈的反对来自饮料业,因为他们要负担从商店到回收中心收集空瓶以及处理它们的费用。业界抱怨这个法案排除了其他制造商,而且抵押费用也会影响销售(尽管没有证据表明饮料销售在实施瓶子法案的州有任何降低）。零售业者也在反对这一法案,他们提出他们不想对处理和保管空瓶这样的麻烦事负责。有趣的是,塑料业大多数人对瓶子法案的辩论保持沉默:没有公开反对这一法案,但也没有表示支持。

实际上,与纸张、钢铁和铝业不同,塑料业从历史上来看对回收贡献甚小,除了在政治压力下,如同目前与塑料袋的斗争一样。哈沃德·拉帕波是一位塑料业的长期顾问,他解释了原因。他说,塑料业唯一能投入大量资金进行回收的是树脂制造商,即主要的石油和化学公司。但他们最优先做的是"制造和销售原塑料"。只要石油和天然气的价格保持合理的稳定,对于陶氏、杜邦和埃克森美孚来说进入回收行业在经济上就没有吸引力。他们也不想与购买他们原料生产瓶子的饮料公司疏远。同时,拉帕波说,生产塑料制品的公司(本应该对使用回收材料的公司感兴趣)在进行回收运动过程中简直是一盘散沙。他说:"生产塑料袋的人与生产塑料瓶的人毫无关系,也与生产玩具的人无关,他们四分五裂,以至于没有人能够得到足够的量和资金来开展回收的基础建设"。

铝、钢和纸业已经进行了垂直整合,进行回收就比较容易,从经济上来看也更有吸引力。因此毫无疑问,这些材料的回收是塑料回收量的3~8倍。拉帕波说,构成塑料业那样到处延伸的网络"并不是为资源回收建设的"。

一个空可乐瓶是被回收还是被丢弃,这只是巨大垃圾冰山的一角,离上游还很远。在废物圈中,人们愿意谈到的是在街边每扔掉1千克垃圾,就有70千克重的在工厂被制造和生产出来。

美国环保组织说,要想真正减少废物,就需要在源头避免制造它。这听起来很明显!然而当我们很渴望减少填埋的压力时,我们就把主要焦点集中到产品报废的解决方法上了(处理已被认定是废物的物品),而不是从源头上减少产量了。固体废物的管理方式一直是减量、再利用、循环。但事实是大部分力量都用于最后一步。结果是,我们并未从根本上改变材料从工厂到垃圾箱的单向流动方式。

比尔·希恩这位在回收和零废物运动中的长期积极人士说:"在经济活动中,流动的材料总量一直在增加,增加,再增加"。

这在环保机构每年整理的关于全国垃圾丢弃习惯的报告中就可以找到证据。1970年,每个美国人平均每天制造1.47千克的垃圾,其中1.36千克重的垃圾被送到垃圾填埋场。2008年,每个公民平均每天制造2.04千克的垃圾,其中1.09千克被送到垃圾填埋场。我们回收的更多,却不足以抵消持续增长的消费量。在第一个回收计划实施40年后,美国人正在生产比以前更多的塑料包装,丢弃的也几乎一样多。这个事实已使一些批评者抱怨回收只是一个空谈活动,正如《纽约时报》的记者约翰·提尔尼在1996年出版的一篇著名反回收的激烈演说中所写："这只是为了过分使用之罪而进行的赎罪仪式而已"。

但希恩回收还是可能有用的，只是需要把负担从消费者转移给制造者。现在他正在推动这一政策，目的是更严格地执行生产者的扩展责任。环保规定的基本概念很简单：使生产者对产品的全部生命周期负责，而不只是在使用的阶段，还包括用过之后的阶段。正如一位环保专家简洁地解释："你制造它，就得处理它"。

希恩坚持认为这非常符合逻辑，只要看看废物流在过去的100多年里发生了怎样的变化就明白了。当城市废物系统建立时，大多数所收集到的垃圾是由剩余食物和灰烬（火炉和壁炉处）所构成，只有一小部分是制造的产品，如纸、破布和瓶子。今天，有超过四分之三的城市垃圾是由制造的产品组成，如PET瓶。希恩说，让纳税人负担处理数万吨物品的费用是一个巨大的、强制性却没有经费的工作。"这实际上是鼓励生产者制造一次性产品"。

希恩和其他环保拥护者说，现在是时候让私人企业开始负担收集、废弃和回收产品了。生产者在经济上应该负担产品生命周期结束后废物管理的责任，可以使他们从开始就不那么浪费。如果他们必须负担回收产品的费用，他们很可能会更好地设计、选材，如PET瓶，以利于回收，并与现存的回收潮流相适应。这样的计划能够创造一种使回收计划做不到的正反馈循环。

有些是要进入未来的。那些在PET瓶到来后，就消失了的可重复填充的瓶子是环保的雏形。瓶子法案也代表着生产商的责任，因为它们要求从业者回收瓶子。生产商的责任是在1991年由德国首先实施的环保法案，是防止包装废物的法规，它要求生产商和品牌拥有者负责处理产品的包装及再生产工作。此时，德国人的垃圾填埋场已接近极限（包装废物是主要的祸首），该国正开始将垃圾出口到邻近国家去。政府也定下了雄心勃勃的目标，例如要求64%～72%的包装材料都必须回收，但业界可自行决定如何完成。

结果产生德国的双轨制度及其绿点计划，已成为管理世界上包装废物的一个典范。其他公司会向一家非盈利公司付执照费以便可以将著名的绿点标志印到它们的包装上，这就等于告诉消费者可以把他们的包装放到回收箱中。执照费帮助负担一些盈利公司收集、分拣、回收和处理这些绿点废物的费用。现在德国全部包装的75%都带有绿点标志，当然包括PET瓶，而且这一计划已扩展到整个欧洲。在欧洲商店所卖的上千万件包装都有绿点标志，与树脂码系统不同，这一标志真正保证了它们会被回收。

这一法案完成了它的大部分目标，甚至超出了目标。包装废物的回收率据说已超过76%，塑料的回收率也大大地提高到60%。在有些年份甚至更高。它也刺激了新的分类和回收技术的发展，帮助国家达到这些强制目标。德国的法律成为1994年欧洲议会所通过的相似措施的范本。法律规定了回收目标，各国可以自行决定如何达到这些目标。不同的国家会选择不同的路线，安排不同的公共和私人计划，但总体情况大致相同。即使消费在增加，却只有更少的包装进入填埋场。总体来看，欧洲现在已将超过一半的后消费塑料废物从垃圾填埋场分离出来，而且塑料包装的回收也达到29%。这听起来并不能令人印象深刻，直到你考虑到这是个平均数，除了德国，包装回收率几乎达到100%的丹麦，还包括像希腊这样有着令人沮丧记录的其废物回收率还不到10%的国家。由于有着相当于美国瓶子法案的规章，瑞典PET瓶子的回收率达到80%。

值得注意的是，欧洲很大一部分用过的塑料回收是用于燃烧产生热量和电，这种技术被称为废物变能源。在整个欧洲各处有大约400个废物变能源的工厂，欧盟也将此计入资源回收，这也是许多欧洲国家夸口说的有令人羡慕的回收率的原因。因为填埋空间极其有限，所以对这些工厂环保上的担忧并未得到多少政治关注。在美国可以说还有讨论下去的空间，只有87个废物变能源的工厂，大多数位于东海岸，自从20世纪90年代中期以来并没有建新的。然而，由于塑料包装不断遭到越来越强烈的批评，塑料业的领导已经开始提倡这项处理塑料废物的技术了。

除了激发了资源回收，环保法案也激励制造商和品牌拥有者对他们的包装进行较大的改进。他们正在使用更少的材料和去掉不必要的包装，不再把牙膏放入纸盒中，减少使用只有很少回收的材料，如PVC制成的包装，以及使用可填充的或者浓缩的产品。同时也更广泛使用可填充式瓶子（玻璃以及PET制）研究表明其环境影响最低。绿点法案在实施头4年里，使德国的包装消耗降低了7%，同时，据估计，美国的包装消耗量却增加了13%。

环保理念正在被广泛接受。有30多个国家都有包装回收法案，而且许多国家都按照欧洲的范本通过法律，要求生产商负担生产危险材料，如汞，以及某些产品，如电器和汽车。美国一直对要求生产商负担责任这一点采取抵制态度，但现在正在改变。至少有24个州已经实施了生产商责任法，其中涵盖电子废物。佛罗里达、明尼苏达、印第安纳以及缅因等州都在推行一些法律要求生产商升级产品包装，并负责产品的处理，如废弃的药品、汞温度计、自动调温器以及灯具等。在加利福尼亚州、佛蒙特州、俄勒冈州和罗得岛环保的概念已被归入指导废弃物的基本政策中。希恩所领导的组织——产品政策研究所，已在加利福尼亚州、俄勒冈州、华盛顿、佛蒙特州、纽约和得克萨斯州（以及不列颠哥伦比亚）建立了几个产品监管委员会,其中有很多政策制定者、环保积极人士,以及致力于促进环保政策和法律制定的商业人士共同组成的团体。他说:"这不仅席卷了州立法机构,塑料业也很认真地对待这件事"。

即使没有环保法案的刺激,越来越多的公司也正在寻找减少其包装的方法。许多人已经意识到,对地球有好处的事情也会对企业有好处。在这方面进行努力的一个组织是持续包装联盟,这是一个由建筑师威廉·麦克唐纳创建的组织,其目的是实现他在2002年提出的工业改革宣言《从摇篮到摇篮》中的一些理念。在那本书中,麦克唐纳及其合作者麦克·布朗加特称,废物象征着根本上的非持续性。他们指出,大自然是"以营养和新陈代谢的方式运作,其中并没有所谓的废物"。他们举了樱桃树作为例子。树木开花结果,尽管许多都掉落到地上,但它们并非无用。它们为鸟类和昆虫以及微生物提供食物,而且还会使土壤肥沃。在大自然的系统中,"废物等同于食物。几百万年来,这个循环,从摇篮到摇篮的生物系统滋养了我们的星球,使它繁荣并且物种丰富"。他们说,人类的制造应遵循同样的方式,要让我们制造的全部物品及其副产品都能够重新通过新陈代谢回归工业或者自然。

这一原则正是持续包装联盟所倡导的精神。此团体包括全球100多家主要的材料制造商、包装公司、消费产品公司、零售商及废物运输公司,其中包括陶氏、可口可乐、百事、苹果、戴尔、星巴克、宝洁,以及曾采取措施极大减少包装废物,并因此震撼全球供应链的沃尔玛公司。此组织每个季度都会开会,分享一些观念、策略以及设计从摇篮到摇篮的包装时所遇到的挑战。

我参加了其中一次会议,在倾听了与会者正式的介绍以及走廊中的谈话后,我意识到其目标的复杂性。首先,你要考虑包装的各种目的:保持食物新鲜、保护所装物品以防损坏、防盗,当然,除此之外,还要吸引购物者。当你开始改变产品的包装方式时,上面所说的各种因素都会受到影响。来自英国大型连锁店玛莎公司的海伦·罗伯茨在一次会议中说:"可以拿走全部食物的包装,一个月之内,我会看到废弃的食物翻倍,这是由于食物会变质"。或者像宝洁公司的代表在另一次会议中所说,消费者可能不会理解或者分享你的目标。公司认识到小瓶的浓缩液对环境有好处,但它们很难售出,因为购物者仍然抱有"越大越好"这样的观念。在另一次会议上,来自全国最大的有机食品供应商地球农场的人,用对地球友好的与对产品一样的包装来描述公司所做出的努力。公司一直尽力确保用于保护运往全国各地的、易于受损的物品的包装都是由PET这种回收塑料制成。但是当一位与会的很明显不是包装行业的女士从后排站起来并表达愤慨的时候,地球农场的代表看上去仍然非常沮丧。这位女士说:"我已经做出个人决定,不再买你家的莴苣了,因为它是塑料包装的!"

即使是有环保持续性的措施都很难全面协调好。以在20世纪90年代开始出现在商店货架上的果汁和汤汁盒为例。从能量的角度来看,这些包装非常有效,它们用更少的材料,比罐头甚至是塑料瓶的重量还要轻。它们在运输时占用更少的空间,在货架上摆放时间也更长。其有效性非常符合持续包装联盟对于持续性包装的好几项标准。但果汁盒是由塑料、金属和纸张制成的复合材料,因此很难回收,这又与另一个持续性标准发生冲突。在今天的世界里,根本没有完美的选择,我们所能做的就是弄清楚利弊关系。正如持续包装联盟的工作人员安娜·毕达夫所说:"没有什么所谓的持续型材料或者包装"。只有在改进的持续性上不断前进。我桌上那个空的567克的健怡可乐瓶在很多方面都是这一旅程和它所面临挑战的反映。史考特·维特斯是公司长期包装导师,他说,可口可乐几十年来一直在关心它对环境所造成的影响。维特斯从1997年以来一直为可口可乐工作,是一位刻苦的学者,他在谈话中总是使用一些令人难以理解的持续性话语:"我们的目的是如何在整个产品价值链上,通过防止和清除废物来使包装最大化地对经济、环境和社会持续性做贡献"。翻译过来就是说,包装废物会浪费掉公司的钱财和信誉。因此,可口可乐公司在寻找包装中尽量减少材料用量的方法,并努力保证包装不会被浪费。为了达到这一目的,维特斯说,公司坚持这一原则:减量、再使用和回收的原则。事实上,它已公开承诺要实现零废物的目标。

与奈森奈尔·维斯所引进的PET瓶不同,今天可口可乐和其他饮料制造商所用的瓶子重量相当轻,而且具有流线型。原来家庭装瓶子的扁平底部是由高密度聚乙烯制成,现在也不见了,原因是不容易回收。瓶壁已经变薄,使其塑料用量减少三分之一,标签比以前更小,附着的黏合剂很容易清除,这可以提高回收。甚至瓶盖也被缩小,减少所需塑料的5%,每年可以节省1.81万吨的塑料。维特斯说:"它累积的很快"。我面前的567克健怡可乐瓶是市场上最轻的PET汽水瓶。其他的包装,如达萨尼牌瓶装水重量也已减轻,每年可减少4.54万吨的塑料用量。

实际上,达萨尼瓶是维特斯最自豪的成就之一。可口可乐设计者打算发布一款瓶子为深蓝色的达萨尼瓶,他却指出深色的瓶子不宜被回收,因为PET的回收者需要无色的材料。他们就决定采用更浅的色调。瓶盖也设计得更容易被回收。他说:"这种包装的每方面都为其周期结束做准备"。日本可口可乐公司也有一个类似的业绩,它推出了轻质的瓶子来装名为I LOHAS的饮用水(以健康和持续为生活方式)。瓶子重量非常轻,可以揉成一团仅重12克的塑料,几乎只是任何PET水瓶重量的一半。当然,并不很清楚装在那个瓶子里的产品是否真正具有健康和持续性的内涵,再考虑到制造瓶子需要能量,销售的物质又是大多数消费者只需拧开家里的水龙头,花很少的钱就能得到的。这是可持续性包装的矛盾之处。

1991年,可口可乐公司率先开始使用回收材料来制造瓶子,但这一点在其他国家的执行情况却更好,特别是那些严格执行环保法案的国家。从全球来看,可口可乐公司一直试图确保其瓶子中所用树脂至少含有10%的回收材料,但在许多地方,回收材料含量可高达25%,甚至是50%。尽管在20世纪90年代初,公司做出过承诺,但在美国所售出的回收材料含量最多达到5%～10%。这些比率指的是制造瓶子中所用的树脂,而不是每个瓶子中回收材料的含量。维特斯说美国的瓶子中所含回收材料低的一个原因是在于这个国家很难收集到用过的瓶子(这是可以通过更多的抵押法案解决的问题)。

公司订立的目标是把所有在美国所销售的瓶子和罐子都回收或收集。这意味着继续开发用过瓶子的新用途,例如现在T恤衫和椅子都是由旧可乐瓶制造。但更重要的是,它意味着扩大对回收基础建设的投资,其中最大规模的是在南卡罗莱纳州的斯巴坦堡市建立世界最大的瓶到瓶的回收工厂。可口可乐公司已在奥地利、墨西哥、瑞士和菲律宾建立了类似的封闭循环工厂。南卡罗莱纳工厂每年有能力回收约4.54万吨的PET——相当于20亿个567克可口可乐瓶。一旦这家工厂全面运作起来,可口可乐公司希望其在美国销售的瓶子中有25%的回收材料。可口可乐公司可以使其含量更高,但不会超过50%。专家说如果超过这一水平,树脂级别就会降低,颜色也会变深。

这是真的吗?有些持怀疑态度的人开始拷问可口可乐公司的承诺,因为很多年来,它一直激烈地抗击一种制造商负责任的措施,这种措施已表明可以提高回收并减少塑料废物,这一措施就是瓶子法案。可口可乐公司和其他主要饮料制造商的巨额资金正是抵押法案如此之少的主要原因。维特斯坚持认为公司并不反对环保法案,只是反对只针对瓶瓶罐罐的法案。他说:"我们需要聚焦于所有的包装和印刷材料,然后你可以让企业负担回收的费用"。同时提到了赞成欧洲针对包装的环保体系。维特斯说得很有道理。但如果这真是公司的立场,为什么它还不与环保倡导者积极配合来进行立法,却努力击败每一个被提议的瓶子法案?

在2010年初,公司揭开了朝向持续性前进的最新一步的面纱:植物瓶。它是一种PET瓶,但部分材料来自植物,而不是石油和天然气。这种PET瓶的一种成分——乙二醇,取自巴西的甘蔗,而另一种原料——对苯二甲酸,仍然需要对化石燃料的处理。维特斯说:"现在瓶子材料的三分之一是植物材料,但我们会尽力使这一比例上升到100%"。尽管植物瓶来自新型材料,它却能适合现存的PET回收流程。对维特斯来说,这种瓶子是从瓶子到瓶子理念的最终表达方式,是公司对于零废物承诺的体现。正如他所说:"植物瓶把所有这一切都联系起来"。

这种新型的植物性塑料可乐瓶真能带来一个从摇篮到摇篮的未来吗? 一个空瓶子像散落的樱花一样,成为一种有价值的营养物质,而不是无价值的废物,这样一个未来吗? 这是一个令人舒适的景象,在我们与塑料长期混乱的关系中,我们可能因为需求这种能够获得的舒适感而得到原谅。很明显,生物塑料是业界整体前进的方向。但正如任何接受过夫妻间心理咨询的人所知一样,想象到的更健康的未来是一回事,而将洞察到的付诸现实才是艰难的开始。

八

绿色的意义

　　这个故事开始于1951年的一个夜晚，一位叫弗兰克·麦纳马拉的商人与朋友外出就餐。账单拿来了，但麦纳马拉遗憾地意识到他把钱包忘在家里了。那次令人难受的经历使他发明了就餐俱乐部卡，这种卡可以允许成员在餐馆就餐时付费，并在月底结清账单。很明显，他不是唯一一位遭遇到发现自己身无分文这种尴尬情况的人。一年之内，有两万人申请了就餐俱乐部卡。卡片本身并没有什么特别，只是一张钱夹大小的方形纸板，但"其中的理念——第三方提供的'现在买，以后付'这一过程却是革命性的"。这是信用卡发展史中的一段。钱的概念已变弱，现金和信用卡之间的界限变得模糊。钱的新身份驻入一张有象征意义的卡片中，这张卡片允许你付账，即使你无法拿出法定货币。钱有了一种新的可塑性。

　　钱真正与塑料结合在一起是几年之后的事了。1958年，当时美国快递推出了第一张塑料信用卡，这是又一件美国人在20世纪中期开始拥抱的、能改变潮流的塑料品。美国快递声称塑料卡片比当时正在使用的、易坏的纸片更上一级，并承诺它会"更好地经受日复一日的使用"。这传递出这张卡片不仅给偶尔外出用餐带来方便，而且也是日常生活中的一个工具这样一个概念。我们不再受困于银行工作时间或者贷款官员的批准。我们可以在任何一天、任何时候买我们想要的东西之后再付款。与之前的卡片不同，美国快递，万事达和其他公司在20世纪60年代中期开始提供循环的信用，它允许消费者把余额从一个月转移到下一个月。当然，信用并非是一个新的概念，但是这种立即可得的信用却是革新性的。现在我们完全摆脱了实实在在的纸币的限制,我们的购物习惯也不再局限于"手握现金"了。不论是否负担得起,我们都可以自由地消费了。

毫不令人惊奇的是在此后10年左右,信用卡变得如此平常,以至于塑料一词已成为钱的同义词,并使得能够使人想起实实在在的钱的短语边缘化,比如有金属撞击声的两个硬币,有砂纸感觉的10元纸币。每位读者都会明白小说家丹·杰肯斯在他1975年所写的小说《无懈可击》中提到"她整个钱包里都是塑料"的意思。

今天,那些塑料卡片是商业界的主要货币。或者像一位卡片制造商在互联网上浮夸的说法:"一张塑料卡片是连接人与文明的一个物理装置"。四分之三的美国成年人拥有至少1张信用卡,大多数有3张或者更多。但信用卡并非普通钱包中唯一替代现金的塑料。每5个美国人有4个拥有借记卡,六分之一的人有预付款,可用于加油、打电话,或用于一般购物。塑料卡片也越来越多地成为礼品卡,特别是当我们不太了解要送礼物的人的情况时,如门卫、同事或者远房亲戚。礼仪小姐可能会抱怨这种没有人情味的礼物卡已把送礼的精髓拿走了,但它们所提供的便捷和无压力致谢模式导致每年产生100亿张礼品卡。谁会知道我们是这样的利他呢?

在进化的过程中,这些小的长方形乙烯炔已经成为市场目标和文化思想的画布。发卡方按照色彩所赋予的奢华卡片使人有身份意识,从美国快递的第一张金卡到维萨卡中特别受欢迎的奥斯丁·包威斯白金卡,其宣传口号是:"它是白金卡,宝贝!"在2009年由乔治·克鲁尼主演的电影《空中飞行》中,他渴望得到的是一张难以获得的"炭黑色百万英里的飞行卡片",银行也通过联名卡来进行感情上的连接。第一个大受欢迎的是1989年所发行的维萨卡,它是和全国橄榄球联盟合作发行的。今天,我很可能找到一张我所关心的任何事情的联名卡,从全国来复枪协会到人再到对动物关爱组织。或者至少是我所喜欢的作为卡片的封面图片,不论它是小狗、我的母校、我最喜欢的乐队还是我的全家福。

卡片的条款或者所装饰的图案并非是代表时代精神的唯一关键点。卡片本身的材料——那5克重的塑料也是如此。在这样一个人们越来越关注塑料对环境影响的时代,卡片正在经历全面的改变,这些消费的工具也变得更加绿色。我手里拿着新的发现卡。它看起来就像普通的塑料信用卡,但它是由一种聚氯乙烯制成,我被告知当我扔掉这种卡片时,它可以无害地降解。卡片背面是地球的棕色,上面印有可降解的字样。当我打电话订购这种卡片的时候,我被告知可以有几个封面的选择:纯灰色、美国国旗、北极熊、熊猫、山景、海滩。它们看上去与塑料污染并无相关性,但头脑中想到太平洋漩涡时,我选择了海滩,并未意识到我最终拿到的图案有着过度饱和的颜色和地中海小册子上那种不真实的画面。我给我丈夫看时,他对我说:"这是发现卡,他们希望你花钱去发现世界"。

发现卡在2008年底推出了这些新的"环境友好"卡片,正好赶上了圣诞季。一位公司的女发言人当时说:"我们希望这会吸引那些有兴趣生活得更绿色的人"。公司并未说出到底有多少喜欢绿色生活的人选用了这种卡片,只是说:"我们的结果已超过预期,这使我们很受鼓舞"。

你会记得,塑料环保人士对PVC的憎恨超过任何其他种类的塑料,它在绿色和平组织的圈子里叫作"有毒塑料"。几乎所有的信用卡以及礼品卡和借记卡都是由PVC制成,自从美国快递首度发行以来一直是如此。卡片生产商制造PVC卡是因为它易于加工,弹性和韧性都很好,而且很耐用,足以应付在3~5年的卡片标准期限内的使用。

通常在谈到与信用卡有关的危害中,环境问题远远比不上债务问题。当环保积极人士提到PVC对人的危害性时,通常指出的产品也不是信用卡。然而在塑料村,即使是像信用卡这样的小物件也会逐渐累积。通过估算,在美国正在使用的信用卡有超过15亿张。据《纽约时报》计算,把它们堆起来会高达112.65千米以上直入云霄。这几乎是13个珠穆朗玛峰叠加起来的高度。但是能够使山峦腐蚀和降解的自然规律却几乎无法使这座聚合物的高峰产生一点凹陷。单单一张PVC卡片就可以存在几十年,甚至几百年,而且每年,我们都要扔掉超过7 500万张这样的卡片。这仅仅是信用卡,还不包括数量更多的礼品卡、预付卡、宾馆钥匙卡以及各种各样会在现今生活中所用到的塑料交易卡片。

想到在填埋场累积起来的那些塑料卡片,这促使负责用于发现卡原料的一个人去找到一种对环境友好的卡片。20年来,内华达州商人保罗·卡普斯一直在向信用卡制造商出售PVC,他经常会想应该有什么方法来分解用过的卡片。他花了很多年时间与科学家们商谈,寻找某种能使PVC消亡的化学物质。"我实验了各种不同的物质,诸如能吃掉地板上尿的酶。你很难想到我所尝试的。所有的一切都以失败告终"。直到有一天他无意中发现了他所说的一种令人费解的科技,而这似乎很好用。

卡普斯对细节讲得很模糊,说他的配方——生物PVC是一种商业秘密。只是说要将一种特殊的添加剂混入PVC中,把它作为环境中,包括填埋场中无所不在的微生物的诱饵。使用中,这种添加剂不会影响卡片的耐久性,还会经受得起多年的刷卡和存放在钱包里的时间考验。但如果把它丢弃在填埋场、堆肥堆,或者类似的"肥沃的环境"中,据卡普斯所说,它就会吸引成群的微生物来将它分解掉。"相信与否,它们真的会吃掉它"。他声称,即使是一张丢弃在地上的卡片也会被腐蚀掉,不会留下任何聚合物有毒的前期形式——聚氯乙烯。他说卡片会在10年内完全降解,这与普通PVC卡的分解时间相比就是一眨眼的时间。

这听起来真的很精彩——直到我开始和专家们谈论生物降解的话题为止。

马萨诸塞州的持续性顾问提姆·格莱诺的反应是"一派胡言"。与其他的专家一样,他对PVC能够被无害地溶解掉这一点很怀疑。但即使它确实有用,格莱诺也对其需求有怀疑。可能生物降解是很好的处理垃圾的办法,但信用卡一般不会被丢弃。因此,格莱诺问道:"这种卡片能解决什么问题呢?"

到底解决了什么问题呢?

当我开始蹚入茂密的"绿色"塑料丛林时,这是一个值得记住的问题。我所发现的是很广泛的,有时令人迷惑的由树脂制成的产品或包装,制造商们都宣称它们对我们的环境和健康更安全,这其中包括薯条袋、水瓶、手机、BB枪塑料子弹、尿布、地毯、餐具、圆珠笔、袜子、化妆品包装盒、塑料花盆、复活节篮子中的草、拖鞋,以及"有良知"的垃圾袋。其中一些,就像发现卡一样,包含传统的塑料和一些绿色环保的说法。其他则由可替代的"基于生物"的聚合物制成。例如,我女儿收到的生日礼物是苹果商店礼品卡,是由基于玉米的塑料制成的。

绿色塑料听起来像一种矛盾的形容法,但它是塑料业中发展最快的领域。基于生物聚合物的生产一直在以每年8%～10%的速度扩张,而且据估计在未来几年里增长速度会更快。生物塑料令人兴奋,人们很愿意将它们的兴起看成一种潮流。但是当我向全国领先的生物聚合物专家拉玛米·娜拉杨提到这一术语时,他提醒我说基于生物的塑料在树脂桶中只能算是一小部分,只占全球塑料产量的1%不到。此领域还在婴儿期,前面还有很陡的技术学习曲线。然而,研究估计生物塑料终有一天会替代今天90%的塑料。娜拉杨说:"这才是塑料的未来"。

这一点并不难理解。塑料已和人类恋爱了一个世纪,我们正开始认识到这并非一种健康的关系。当然,塑料一直是个好的供应者,但这种收益带来了在我们最初醉心于塑料时未曾考虑过的代价。塑料使用有限的化石燃料,它们在环境中永存,它们充满有害的化学物质,它们在掩埋场堆积,它们不会被充分回收。简短地说,它们是人类对人造材料的长期影响短视的例证,也代表着资源无法持续的浪费。环保主义者多年来一直在说明这一点。现在即使是在塑料业也得出了同样的结论。正如陶氏的一位管理者对《商业周刊》所说:"我们整个业界都认定塑料必须要更持续"。

无论怎样,我们都无法和塑料说分手。塑料是现代生活的基础材料之一,在很多情况下,这是件好事。我们需要太阳能电池板、自行车头盔、心率调节器、防弹背心、节能汽车和飞机,而且,还需要大量的塑料包装。正如它们在19世纪末所起的作用一样,塑料在今天自然资源逐渐缩小的世界里仍然起到很重要的作用。在我们与气候变化斗争的未来几十年里,情况更将是如此。我们如何建造房屋、进行运输、包装物品,很大程度上都取决于碳含量的计算。以此来看,轻质、节能的塑料能够提供超常的机会。

但要与塑料和谐相处,我们必须改变相处的条件。我们需要开发对人类和地球更安全的塑料,我们需要更负责任地部署它们。这意味着地球村中所有居民的改变:其中有制造塑料产品,如信用卡的制造商以及使用它们的消费者。

绿色塑料是由什么组成的?尽管有许多讨论,大多数人同意其起点是使用可再生的原材料。有讽刺意味的是,这一诉求使塑料业转了一大圈,又回到了塑料从植物中取材这一最早的起点。还记得赛璐珞吗?它并不是唯一基于植物的聚合物。在20世纪最初的几十年里,人类对于通过农作物,如玉米、豆科植物或大豆来制造其他种类的塑料很有兴趣。实际上,农业与刚刚萌芽的石化工业在聚合物方面进行着激烈的市场竞争。

亨利·福特很渴望为多余的作物找到工业用途,他把钱投入大豆这种作物的研究中。他经常声称,甚至可能从大豆中长出一辆车来。为此目的,他种植了成千上万公顷的大豆,并将位于胭脂河的一家工厂转为用大豆作原材料的塑料生产厂。1936年生产的典型的福特汽车,其方向盘、排挡把手、窗户框及其他部分有4.54～6.8千克的大豆塑料。在1940年,福特做了一件著名的事情,他邀请记者们参观他由"农场培育"的汽车。因为喜欢展示自己,这位70多岁的老者举起斧头,朝着汽车后面用力砍下。结果面板并没有凹陷,反而弹回原状,正如《时代》杂志的一位记者所说:"防护板是由太空材料制成……碰撞后会复原……就像不紧不慢的橡皮球一样"。

但福特只制造了一辆塑料汽车,第二次世界大战就爆发了。即使是福特也无法与石化工业带来的优势对抗。与大豆和其他农作物不同,石油既便宜量又大,它还不需要依赖生长季节。更重要的是,由化石燃料制造的塑料品比大豆制成的产品更防水、更多样。只有几个基于植物的聚合物在与石化业的竞争中生存下来,其中有玻璃纸、赛璐珞,以及纺织人造丝和黏胶。

现在,随着便宜的化石时代的结束,基于树脂的制造商们正在梳理自然界,寻找新的建造材料。他们考察了农作物,如玉米、甘蔗、甜菜、大米和土豆。他们也在探寻历史上人类未曾使用的碳来源,如柳枝、树木和藻类,如一位生物塑料行政人员所说:"碳就是碳,无所谓它是从1亿年前的油田中开采出来的,还是6个月前在艾奥瓦玉米地里长出来的"。但结果并不完全如此。

现在的许多努力都是旧瓶装新酒,用植物来生产各种传统的聚合物。例如,巴西的石化巨头布莱斯肯正在建造一座20.41万吨容量的工厂,用于制造用甘蔗做原材料的聚乙烯,这也是可口可乐公司在其植物瓶中所用的材料。为了让更多人了解这一创举,布莱斯肯与玩具制造商合作生产巴西版的大富翁游戏,他们称之为可持续性大富翁——可能是为了吸引资本家内部的环保主义者,或者反之。巴西的大多数汽车都在使用甘蔗乙醇作为燃料,巴西也希望其广阔的甘蔗种植园能够使其成为全球基于甘蔗的塑料基地。陶氏化学抓住了这一机会,与当地乙醇制造商克莱斯托斯夫在巴西共同建造了自己的基于甘蔗的塑料生产厂。

同样,不同的树脂公司也采用一些方法来用糖生产聚丙烯和PET,用甜菜生产尼龙,用大豆制造聚氨酯。这最后一个方法给了福特一个机会完成他奠基人的梦想:公司已将基于大豆的聚丙烯坐垫和垫子配在超过150万辆汽车上,最终计划是在全部福特汽车的塑料部件上使用不同种的基于植物的塑料。同时,苏威这家全世界最大的乙烯制造商正在探索植物资源,用于制造PVC所需的乙烯气。

这些生物塑料也许并不能对它们基于化石燃料的亲戚做改进。因为它们的碳足迹一定会低很多,这是由于它们使用了再生原料。其中一些是可回收的,许多是可制成堆肥的。然而并不能保证它们制造过程会使用较少的有害化学品或者含有更少的令人担心的添加剂。例如,一张信用卡是由基于植物的PVC制成,但仍会含有有毒的氯乙烯。波士顿的环保积极人士和研究者马克·罗西指出:"不能因为它是基于生物的就说它是绿色的"。他曾经在职业生涯中用了很长时间去思考我们怎样才能与塑料形成更健康的关系。很多年来,这是个相当孤独的追求。他发现他有了很多的同伴。当我们见面喝咖啡时,他回忆说:"我当时在从芝加哥回来的飞机上,与旁边一位母亲交谈。她对这些用品很赞成,像不含双酚A的瓶子。多年前,多数人对此并不在意"。

罗西在20世纪80年代后期开始对聚合物感兴趣,当时是全国反对固体废物的危机之时。他回忆说,那时麦当劳因为销售用泡沫聚苯乙烯盒装的汉堡而受到攻击。公司提议在店里安装"小燃烧炉"来清除废物。他在许多年后,由于想到其愚蠢性,仍然咯咯笑道:"他们就是这样解决的"。这一争议促使他将环境科学方面的硕士论文题目定为:聚丙烯包装的生命周期评估。他继续在1992年进行一项有影响的研究,这项研究结果使大家都感到吃惊(包括他本人),塑料包装并非像人们认为的那样,完全是环境的祸患。研究发现,包装最重要的环境影响在于其重量。塑料使包装更小、更轻,这比生产玻璃、纸或者其他材料所需的能量和资源更少。罗西继续去检查化学添加剂问题,最终与健康关照物伤害机构共同组织运动,并将PVC赶出了医院。现在他是清洁生产行动组织的研究主任,这一组织与商业公司和政府合作,共同推进在生产中使用安全化学品和可持续材料的行动。

通过努力罗西学会了一些东西。一件事是"不是所有的塑料被创造出来都是平等的"。有些会更环保,或者比其他种塑料有更环保的能力。这对生物聚合物和基于石油的塑料都是一样。正如罗西所学到的,在塑料生命周期的每个阶段所做的决定都会对其健康和环境产生影响——从材料的选择以及处理和培养过程,再到产品的应用范围,以及在生命期结束时的选择。

头脑中有了这样的框架,罗西帮助开发了两种不同的对塑料评估的评分卡,一种针对普通塑料,而另一种特别针对基于生物的聚合物。评分卡仍在优化,其设计是帮助制造商、大商场的买家,以及政府机构评估他们所购买的塑料树脂和产品的环境品质。例如,一家饮料公司能用评分卡来衡量是用基于玉米的塑料,还是由甘蔗制造的聚乙烯瓶来装水。或者一位大商场的采购者用评分卡在聚丙烯包装的和PVC包装的产品中做出决定。

每种评分卡都会深入塑料的本质,提出如下的问题:生物塑料中用何种农作物,它们是如何培植的?用何种催化剂来生产某种聚合物?里面含有什么添加剂?再回收时会释放何种化学物质?它是用于一次性产品中吗?塑料中含有多少回收材料?评分卡并不是对生命周期的分析,那种分析会集中在制造产品的能量消耗上,它对于评估诸如化学影响这种情况不是很有效。它们提供的是罗西所说的"生命周期思考"的练习。

有时生命周期的思考会得出令人惊讶的答案。例如,塑料不必是基于生物就能看起来很环保。很可能不用大量有害化学物质就能制成聚丙烯,含高回收材料的聚丙烯包装实际上可能比基于植物的塑料的评分更高。同样,基于植物的聚合物评分也可能很低,如果用于制造的农作物经过转基因或者被喷了杀虫剂,或者在生产过程中使用了有害化学物质。有些塑料,特别是PVC,天生问题就很大。即使是基于生物的PVC,也可能评分为不及格,这是由于聚合物链中的氯在塑料的生命周期中会产生麻烦的波纹效果。

提姆·格莱诺是和罗西一起开发塑料评分卡的人,他也承认,此时,任何塑料都很难得到全优的成绩。他和罗西有意把标准定高,目的是为了刺激更好的塑料和塑料产品的设计。他们号召业界开始对塑料进行生命周期的思考,这一点是几十年前这种耀眼的新材料刚出现时,人们没有做的事情。格莱诺说:"我们想定义真正的塑料业需要前进的方向,并把罗盘交给人们"。

可能有人会说,真正的方向在内布拉斯加州布莱尔的一块玉米地里,自然工厂的所在地,这里是世界上最大的取自植物的全新塑料生产厂。自然工厂生产一种基于玉米的聚合物,叫作聚乳酸,或PLA。很可能你已经通过它的商标名英吉尔见到过这种塑料。它现在已用于成千上万的包装和消费品中,包括沃尔玛用在包装水果和蔬菜上的"容器"、丰田普锐斯上所用的地板垫、富士和NEC公司生产的电脑外壳、纽曼自己生产的色拉酱的瓶子、几种品牌的瓶装水的瓶子、肯德基分发的汽水杯,以及很多零售商发行的礼品卡,像我女儿的苹果商店卡。自然工厂的发言人史蒂夫·戴维斯说,礼品卡和信用卡拥有潜在的巨大市场,卡片市场由卡片发行商而不是自然工厂推动。他解释说:"每个人都想远离PVC"。维萨卡和万事达卡已同意在信用卡上使用英吉尔,现在,"该是银行采纳它的时候了"。改变可能很麻烦,正如零食巨人费多利所了解到的。该公司骄傲地宣布它在用聚乳酸包装其阳光薯片,但不到一年之后,又恢复到了传统的塑料包装,因为消费者抱怨新的袋子噪音太大。袋子所发出的咔咔声比"喷气式飞机的驾驶室"的声音还要大,这是一位空军飞行员在一段录像博客中以"破坏听力的薯片技术"为题而发布的。他进行了声音测试,并声称袋子噪音可高达95分贝,与锄耕机或者除草机的噪音一样大。另一位消费者对《华尔街日报》说:"你若是抱怨就会感觉愧疚,因为它们对环境有好处。但是你想安静地吃零食,而且你并不想让房子里的每个人都知道你在吃薯片"。

聚酸乳是由乳酸构成,这是一种自然工厂从玉米淀粉的糖中提取出来的天然化合物。你不必用玉米来制造乳酸,任何淀粉植物都可以,包括甜菜、小麦、大米或土豆。另外一家世界级主要生产聚酸乳的生产商是普拉克,其主要作物种植在泰国,用木薯和甘蔗作为原料。但自然工厂有部分属于嘉吉公司,这是世界最大的玉米供应商,因此公司的第一家工厂是以玉米为基础。实际上,工厂就坐落在嘉吉公司所拥有的玉米地里。但戴维斯坚持说公司对于原料的潜力感觉不可知,并计划在世界其他地方建造工厂时,使用任何最合理的作物。

不论来源如何,乳酸会转换为叫作乳酸交脂的单体,那些分子然后被连接成聚合物聚乳酸。聚乳酸是一种多功能的塑料,能够进行实现现存石化塑料的许多功能,也可以用同种设备进行处理。与PET一样,它能被塑造成透明的坚硬形状,这很适合包装。与聚丙烯相同,它可以形成用于尿布和纸巾上的非编织纤维,而且与尼龙和聚酯纤维一样,能够被织成用于地毯和衣服的纤维。然而,它的缺点之一是熔点低,在很热的车内放不太久,时间久了聚乳酸瓶就会变形。它不能像PET瓶那样留住二氧化碳,使它很难适用于极大的汽水瓶市场。

聚乳酸是最早进入市场的生物聚合物之一,但其他的此类聚合物也在研发中通过用不同的技术来占领市场。最吸引人的一种是用微生物来制造全新的生物聚合物。杜邦正利用大肠杆菌来制造基于生物的合成纺织材料,其商标为Sorona(芋罗那)。马萨诸塞州的一家生物科技公司——梅塔波利斯利用一种不同的细菌来创造它所说的完全可持续的新型生物聚合物,名为米雷尔。

梅塔波利斯不只是用一种已知的细菌,它在用一种不寻常的微生物来储存能量,它把能量储存到聚羟基醚树脂,或称PHA的这种天然聚合物中。这种微生物到处都是,可以存在于土壤、空气、海洋,甚至是我们的身体中。其结果是PHA也到处都是。梅塔波利斯的发现者奥利弗·皮波斯是在20世纪80年代末期了解到这些微生物的,当时他在麻省理工学院刚刚完成博士后的研究而成为一名化学家。他从中看到了生产基于生物的聚合物的载体,一种将来某一天甚至能够在植物中生成的塑料。他花了10多年时间,但他最终成功地用基因工程的方法使这些微生物成为PHA的"超级制造者",采用一些方法使它们在大桶的玉米葡萄糖中发酵,从而产生大量的聚合物。这些微生物用糖把自己填饱,现在它们很有效率地将糖转化为PHA,其比率占到它们体重的80%。这种绒毛般的白色聚合物经过萃取、晾干,然后转化为米雷尔塑料粒。当我去参观梅塔波利斯在剑桥的办公室时,发言人布莱恩·伊格尔带我参观了正在生产米雷尔的实验室。屋子里有一种轻微的酵母味,这是由在不锈钢大桶中的黄色微生物汤所发酵发出来的。伊格尔称这一过程像制造啤酒。"但它是你所尝过的最高科技的啤酒"。

然而,在走廊尽头上锁的温室中,却装着皮波斯最终的梦想。在那一小块屋顶大小的空间中,有一小片绿地在几排日光灯的照射下在发芽。有几十盆经过转基因后使其细胞中生长出PHA的柳枝稷,伊格尔拿着一片叶子给我看着说:"你如果看这里的柳枝稷的茎和叶,上面会有白色的印记"。这层白色的印记就是PHA,它大约占植物组织的6%。旁边还有几盆烟草植物,上面也在生长PHA。烟草的DNA很容易操控,这种植物相当于基因科学中试验老鼠的植物学版本。公司希望,将来有一天,这些植物能够成为有用塑料的来源。植物将会被收获并晒干,萃取出PHA并转换为米雷尔,剩余的物质可以通过燃烧产生能量。

皮波斯并不是第一个看出那些微小的塑料制造原料所带来的可能性的人。英国皇家化学产业的科学家试图在20世纪80年代将此技术商业化,却没有成功，就将接力棒交给了孟山都。在20世纪90年代末，孟山都报告称已成功生产出一种PHA塑料，而且有一家信用卡制造商宣布将用这种新型聚合物发行一种"绿色地球"信用卡。但在这一切实施之前，孟山都决定取消其整个生物化学部门。基于植物的塑料要比来自化石燃料的塑料更昂贵，孟山都相信没有任何市场愿意为更加环保而支付额外的费用。

但皮波斯确信这一数学问题能够继续下去，而且有一个市场正急切等待着绿色塑料的到来。粮食巨人阿彻·丹尼尔斯·米德兰接纳了皮波斯的观点。2004年，该公司与梅塔波利斯公司组建合资公司，开始生产商业用途的米雷尔。经过反复磋商磨合，合资工厂于2010年初在艾奥瓦州的克林顿开工。

生物塑料的确比石化塑料费用高，尽管戴维斯说当石油的价格高于每桶80美元时，价格差就会消失。米雷尔甚至会更贵，但皮波斯坚持说他不准备和传统的塑料或者PLA竞争。他把米雷尔定位为"高端产品"，因为这种聚合物能够制成薄膜、泡沫，或者结实的材料，比基于石化的塑料有一个更大的优势：能够生物降解。这就是皮波斯所依靠的说服市场接受这一产品的优势所在，其中包括包装、农业应用以及消费品，如礼品卡。实际上，在2008年，梅塔波利斯与目标公司签订合同，为当年的圣诞节提供足够的由米雷尔制造的几百万张礼品卡。这些卡给了目标公司一个机会来支持其绿色身份，同时也为梅塔波利斯提供了一个向世界宣布其新型塑料的、看得到的平台。

米雷尔和英吉尔要成为家喻户晓的名字还有很长的路要走。当自然工厂在其内布拉斯加州的工厂达到全负荷运转时，它也只能每年生产15.88万吨的生物塑料，梅塔波利斯的产量不到三分之一。即使你把现有的以及正在研发的生物聚合物都算进去，其总量仍然无法在基于石化塑料品充斥的世界里得到重视。

然而，生物塑料仍然引起了很多讨论，它们被看作拥有许多我们面临的塑料灾难的答案，这个经过修复的伙伴能够改变我们所处的麻烦关系。但当我们投入另一个聚合物家族前，却值得问一下提姆·格莱诺提出的问题：生物塑料究竟解决了什么问题？

当我问密歇根州聚合物化学家拉马尼·纳拉扬这一问题时，他只有一个答案：迫在眉睫的环境变化的威胁。因为生物聚合物是由"可更新的碳资源"构成（就是我们所说的植物），它们可以减少我们排放到空气中导致全球变暖的二氧化碳的量。生物塑料在其生命周期结束后所释放的二氧化碳能够被下一季生长出来的新植物重新吸收。生物塑料使我们又回到天然碳循环的保护性循环当中：长久以来，地球上支持生命存在的二氧化碳的吸收与释放的巧妙平衡。纳拉扬说,如果卡片是由生物聚合物制成,那么即使是立即被丢到掩埋场里的一次性礼品卡也能进入这种自然循环当中。在另一方面,石化塑料并不存在于这个循环中,这就是它们释放的二氧化碳会构成气候威胁的原因。

纳拉扬所描述的益处可以通过复杂的碳计算来量化。用基于化石燃料的塑料来生产聚合物,每生产1千克就会产生2~9千克的二氧化碳。基于植物的塑料产生的二氧化碳要少得多,即使你把用于施肥、生长和作物收割所用的石油都算在内也是如此。对于生成的每公斤聚合物来说,PLA只产生1.3千克的二氧化碳。米雷尔的碳含量会高一些,因为它用了更多的能量,但纳拉扬说它仍然可以击败传统的塑料。

纳拉扬花了几十年来开发玉米塑料,但他并不一定只能用玉米作为原料。他说,任何基于植物的原材料都会产生相同的效应。实际上,农作物尤其是转基因作物,可能并不是最好的原料来源。批评者指出,在一个满是饥饿人群的世界里,种植食物来制造塑料的确很反常,而且还需要大量的土地、水和基于石油的肥料来培植。更可持续和经济的原材料来源是废物、人类和广大的自然界所产生的大量废物。毕竟,传统的塑料是取自生产化石燃料的过程中所产生的废物,能够聪明地使用那个废物正是使塑料在经济上领先的第一步。

生物塑料制造者已在探索一些可能性了,如森林中倒下的树木、纸和纸浆生产过程中的剩余物、令人吃惊的大量纤维素的来源、院子里修剪下来的东西以及庄稼收获后的剩余物,如玉米秸秆和甘蔗渣滓。据估计,这种资源累积起来每年有3.5亿吨,这足够从根本上填补石化燃料的供应。但是我们每天还会制造废物——我们的垃圾,甚至是排泄物。世界各地的科学家们都在从垃圾桶中寻找废弃的可用于制造塑料的原材料,探索鸡毛、橘子皮、土豆皮、二氧化碳的可能性,从掩埋场中泄漏的甲烷现在都可能会转化为能量。斯坦福大学的化学家克雷格·科瑞多正在研究能够吃掉甲烷的微生物,它们与梅塔波利斯公司利用的微生物同属一类。他发现它们在吞噬掉甲烷后,能够制造出大量类似于PHA的聚合物,这些聚合物能够通过生物降解变回甲烷。尽管这项技术还处于早期,它却使我们看到了一个封闭的生产循环。康奈尔大学的化学家杰夫·考兹也在做着这种工作,他设计了一种方法来捕捉发电厂中净气器释放出来的二氧化碳,并把它转换为可生物降解的聚碳酸丙烯脂塑料。现在正在进行少量的商业化生产。所有这些当中的任何一种都无法替代用于塑料的化石燃料,但我们也没有理由去相信我们只需要一种替代品。石油的魔力在于它能够很好地做很多事情。对于塑料生产来说,一种更可持续性的方法(先不去谈能量的生产),在当地可行的前提下,几乎一定需要发展多种资源。一个成功的措施是看生物化学产品表现如何,如生物聚合物信用卡,以及如何减少个体的碳排放足迹。

但这并非生物聚合物所能处理的唯一塑料问题。它们也会带来更安全的化学图谱——一定会比信用卡中所用的PVC更安全。编织一个PLA或者米雷尔长链并不需要危险的化合物。正如罗西所说:"我宁愿在内布拉斯加的自然工厂旁边,也不愿在石油炼油厂旁生活"。作为绿色塑料的制造商,自然工厂和梅塔波利斯监督其下层的生产商如何使用和加工树脂,从而保护其既定的利益。戴维斯说:"这听起来很自私,但我们必须保持高标准。从一开始,我们必须按照生产者延续责任的模式进行,我们不能简单把产品推向市场,却不知道它们的去向和它们会发生什么事"。

自然工厂和梅塔波利斯都声称他们会承诺避免下游生产商添加有害化学物质,而且要成为发展中的绿色化学的实践者。绿色化学的目标包括制造化学物质的过程中尽量少添加有毒物质和有害加工程序,产生最少量的废物,以及生产出的化合物不会在环境中永久存在。例如,自然工厂就要求使用其塑料的制造商遵守"禁用物质清单",这一清单禁止不同种类的持久性有机污染物、内分泌干扰素、重金属、致癌物质以及其他危险的化学物质。

你如果浏览架子上的生物塑料制品,就会发现他们声称能解决的最常见的问题是塑料顽固的持久性。一位野餐叉制造者夸口说:"去把它扔掉吧!不需要进行堆肥"。他暗示叉子一旦丢弃,就会自己溶解掉。叉子消失了,问题就解决了。但是广告,即使是最绿色的,也很少讲清整个事情。

我想我知道生物降解意味着什么,但与专家谈过后,我意识到这比我原来认为的东西"分解掉"的模糊概念要复杂得多。这一术语有很精确的科学含义:可降解在这其中的含义是聚合物分子能够被微生物完全消化,并把它们转化为二氧化碳、甲烷、水和其他天然化合物。纳拉扬警告说:"重要的是要完全"。如果只有一部分聚合物被消化,就不算生物降解。

这种差别是导致纳拉扬批评我的那张据称可生物降解的发现卡的原因。他的研究表明,尽管有PVC微生物诱饵,但那些微生物只能消化掉13%的卡片,此后,这一过程就停滞不前了。这也是据称为"可降解的"塑料袋潮流所引起的争议中心。它们由传统塑料混合添加物制成,暴露在阳光下时会分解。塑料袋确实会很快破碎,但并没有什么证据表明剩余的塑料片能够被微生物完全消化。相反,批评者认为,它们会变成很微小的碎片散落在地球各处。

另外,影响产品降解力的复杂性是降解过程会以不同方式展开,这要看材料、环境和所存在的微生物。一棵倒了的树很明显是可降解的。在潮湿的热带雨林中充满了真菌和微生物,经过几个月就会被啃光。然而,如果它是在炎热干燥的沙漠中倒下,周围微生物很少,它在被消化前早就被石化了。如果它沉到缺氧的河底,就会被保存几个世纪,因为消化木材的微生物需要氧气才能工作。塑料本来就比木材更难降解,但它们的降解能力要看聚合物的化学结构,而不是起始的成分。有基于化石燃料的塑料可以降解(常用于制造可用于堆肥的塑料袋和薄膜),也有基于植物的塑料无法降解。

严格讲,PLA和米雷尔都可以生物降解。实际上,米雷尔相对更容易些。我可以拿一张用过的米雷尔礼品卡,把它扔到后院的堆肥桶中,微生物就会消化掉它,在几个月之后形成可爱、肥沃的黑色腐殖质。如果我把它扔到公园里,或者投入海洋中,也会发生同样的事,尽管速度要慢一些。米雷尔是今天我们现有的塑料中(基于石油或者基于植物),唯一能够在海洋环境中降解的。当然你不会想用它来搭码头,它很适合做包装材料,特别是在船上使用的食物和货物的包装。实际上,美国海军正在开发米雷尔在各种器具、盘子和杯子方面的应用。

PLA却更棘手。它会生物降解,但只能在最理想的堆肥条件下,这是人很难达到的目标。就以我家后院那种很一般的堆肥桶来说,我怀疑如果我把PLA苹果商店礼品卡扔进去,它会在那里毫发无损地待很长时间。要想使微生物运动起来,真正解开PLA很长的聚合物链条,需要氧气、湿度、流通空气以及维持在48~60℃的温度,这种条件只有在工业化堆肥设备中才能得到。不幸的是,全国只有200~300个设备用于处理消费者的食品废物,真正去收集居民的食物残渣用于堆肥的社区更少。这类设施大多位于加利福尼亚州和华盛顿州。

对于任何新科技来说,都需要时间来发展其有支持性的基础建设。自然工厂希望PLA产品能最终进行化学循环,通过化学过程将其分解成起始材料——乳酸。但在2010年,全世界只有一种设备能做这样的工作。此时,当人们都在全力处理传统塑料时,此种塑料PLA却在循环界产生了一种微型危机。PLA正越来越多地用于食品包装,但许多消费者并未意识到一个PLA瓶无法投入回收箱。这种瓶子看上去与PET材料制成的瓶子一样,但它会污染一包进行在循环的PET瓶。一些杯子制造者已经开始使用绿色和棕色的标志和标签来表示由PLA制成的杯子,但并没有标准体系来区分生物聚合物。

生物降解的诱惑力是可以令人理解的。尽管看到它在取得曾经被耐久性塑料占领的市场时很具有讽刺性。我很难想象今天任何塑料制造商会使用20世纪80年代所用的广告:"塑料是永恒的……而且比钻石便宜很多"。然而,生物降解对于污染以及所有塑料制品的最终解决都不是万能的。

想想,所有的像那张发现卡一样,声称能在填埋场中分解的产品。史蒂夫·莫侯说,这是一个神话,也是一个错误的希望。他是生物降解产品研究所所长,这是一家监督生物聚合物,给通过国际标准的堆肥和生物降解产品颁发证书的一家商业团体。他解释说,理想上来看,没有东西该在填埋场降解。填埋场设计上是要尽可能防止这一过程,因为那会产生温室气体。一想到我们的垃圾会比我们,甚至我们的曾曾孙们都更长久就令人恶心,因此使其分解并释放出甲烷这种最能导致气候变化的气体实际上是更好的选择。听着莫侯描述填埋场的工作原理,我想到许多可降解的袋子被销售出去用于收集狗粪,大多数人也只是把它扔到垃圾箱里。这些愿望良好的人可能希望他们用可生物降解的塑料袋而不是普通塑料袋,他们所装的狗粪会更容易分解。莫侯说,但就像任何倒入垃圾掩埋场的东西一样,"它会被保存下来,那么当未来几代人去挖掘掩埋场时,他们会知道我们有很多狗"。

生物降解比较合理的方法是将其用于与食物和有机废物(与狗粪不同,是能够安全堆肥的),比如一次性盘子、杯子和刀叉、零食包装以及快餐盒。所有这些一次性物品现今都不经常回收,特别是由薄膜制成的东西。生物降解对于那些重达数千吨的农用塑料薄膜也很有用,农民们在植物生长季节用它们来阻止杂草在田间生长,但现在还没有人发现可以经济地回收这些塑料的方法。用可降解的生物塑料来生产这种产品不仅提供了处理包装的解决办法,也有助于鼓励将食物废物进行堆肥,这是要比塑料更大的一部分垃圾流。美国人每年扔掉超过3 000万吨的食物废弃物,大多数都堆到垃圾掩埋场里。零废物倡导的是把塑料包装进行堆肥处理的解决方法。

但生物降解也是解决代替现金的塑料卡片所造成的废物问题的方法吗?可能是。但是如果重新设计它们,以便它们可以更容易充值,可以使卡片能够再利用会怎样呢?如果这样,就可以少做些新卡片。对于信用卡来说,为什么不减少对现存账户发放新卡的频率呢?或者扩展现存极少的卡到卡的回收计划呢?或者用比PVC毒性更小的塑料来制卡,以便它们更容易回收?这是一些欧洲银行已走的道路,也是汇丰银行为中国香港市场发行的对环境更有益的信用卡。这种绿色卡片在2008年首次面世,是由最易回收的塑料PET所制成。而且它是由更具生态利益的数字账单来提供支持,这会减少纸张浪费,而且银行誓言将全部消费的一部分用于捐助当地环保项目。

制造商一直都是根据价格和功能来为他们的产品选择塑料。但要与塑料创建一种更永久的关系就要求我们自身更理智。还要求我们去考虑我们所创造和使用的产品的整个生命周期。当把环境因素考虑在内时,适合某种应用的一种绿色塑料未必会适合另一种应用。生物降解不一定总是最佳答案。

想一想《纽约时报》的报道，一些家具和其他家用物品设计师费尽心思地确保他们的产品可生物降解。从某一层面上来看，这种从摇篮到摇篮的思维方式是值得赞许的。例如，蒙托克沙发设计了很多长沙发，其中所有的部分都是由有机、非毒性可生物降解的材料所组成。正如公司的主管告诉《时代周刊》，"起初全部想法就是对环境的影响越小越好。然后我开始思考，要是没有影响是不是更棒呢？然后就是，嘿！如果你用完了，沙发就消失了会怎么样？"

　　先把这一目标是否具有可行性的问题放到一边，它对我们的文化来说意味着什么呢？可生物降解的沙发是否标志着一种更可持续性的心态？或者它只是那种购物然后丢弃的旧习惯的绿化版本而已？从传统上来看，耐用和长寿可以使用品增值——一件曾祖父母的核桃木衣柜并不只是放衣服的地方。随着时间流逝，它会成为一件传家宝，成为我们与过去的联系被保存下来。买一张2 000美元的，在设计上用于消除罪恶感的沙发，与买一个99美分的，设计为一次性打火机相比，都具有一种令人不舒服的相似感。影响最小的沙发难道不应该设计为在购买时就希望它能够被安全地使用几十年吗？

　　技术已经开始定义现代生活，而且我们喜欢以惊人的科技来解决问题的方法，即使是科技自身产生的问题都能被解决。人们对于海湾漏油事件非常愤怒，但由于高科技防喷器和其他技术上的奇迹承诺会将我们从自己造成的复杂问题中解救出来，人们因此被吸引，甚至淡化了愤怒。但是绿化塑料村不只需要技术上的解决办法，它也要求我们对随着塑料和塑料钱币的到来所养成的粗心，甚至是贪婪的消费习惯，即一种把信用卡刷透支所代表的状态负责。这意味着要与历史学家杰弗瑞·梅扣所说的我们的"通货膨胀文化"做斗争，这是一种我们投入了更多的心灵安宁来获取，同时又认为它们廉价，"应该鼓励去替换，抛弃它们，快速、全部地消费它们"。

　　如果你不去理会这样的文化，或者至少是与塑料有关的文化会怎么样？我想我可以去宾夕法尼亚州的兰卡斯特，并且与一个埃米希家庭度过一段时间去了解。但是我只是拿起电话打给贝丝·泰瑞，她是生活在加利福尼亚州奥克兰40岁左右的兼职会计师，她在2007年决定开始把塑料清除出她的生活，并且把她的经历写成博客，她称之为"我没有塑料的生活"。

　　泰瑞也讲述了她的故事。她当时由于切除子宫在家里休养，她听到收音机报道柯林·比万，也被称为不受世俗影响的人，他是一位纽约居民，发誓一年都要和氮气一样轻松。泰瑞被他的故事感动，并决定通读他的博客。在那里她看到了一个电子链接，把她第一次带到了一位环保女士的博客里（现在已没有），这是一位用一年时间来清除她生活中塑料的加拿大女人，然后泰瑞对塑料漩涡有了深刻理解。接着她看到了改变了她生活的一张照片：一张黑背信天翁肚子里塞满塑料垃圾的照片。这一图像深深地刻在她的脑海中，永远地改变了她对世界的看法。她说："那只鸟体内装满了我用过的东西，瓶盖、牙刷和很多小塑料片"。看着这张照片，她对于物品离开自己后的无法控制性深感震动。事后她回顾说，可能是由于在她切除子宫恢复的过程中，她意识到自己可能永远不会有孩子，因此她想到要照顾一些其他的东西，比如这个星球。不论原因是什么，她都感觉有种迫切的需求要把她的恐惧转换为行动。

我们约好在奥克兰的一个餐馆吃午饭，她给我讲了这个故事。当我看到一位有着黑色卷发，带着无框眼镜，穿着很得体的女士推门而入，手里提着一个布袋，上面印着口号"用帆布"，因为塑料是去年潮流的口号，这时，我感觉那一定是她。袋子里包括一些她随身携带的物品，用来减少她的塑料用量，其中包括她需要大量购买的粮食和其他产品的布袋，以及她要在外面就餐的套件：一把木制叉子、勺和刀（以防餐馆给她提供的是塑料餐具），一对玻璃吸管、一个布制餐巾，那天她还带了一口不锈钢锅，她后来带着它穿过马路去为她的猫买火鸡肉馅（她自己是素食主义者）。为了防止用塑料薄膜或塑料纸来包肉，她要求把肉馅倒入锅内。我注意到她是用信用卡付的款。她说她觉得用信用卡没有问题——这种塑料能持续很长时间——但她确实有点担心收据，因为会造成纸张浪费，而且其外表还有双酚A覆盖。这是这种无所不在的化学品的另一种用途：它能与用在无碳复写纸上的隐形墨水结合，在加压时能形成影像，如当某人签名时，就会留下印记。

泰瑞解释说她不是那种做事情半途而废的人。如果她要跑步，她一定会跑马拉松。当她开始编织时，她会给每个认识的人织围巾和帽子。因此她减少使用塑料的目标很快就超过了普通的措施，如使用可重复用的袋子以及携带旅行用咖啡杯。她开始收集经过她家门口的任何微小的塑料片——收到的包裹上的胶带、信封上的小塑料窗、包裹在有机香蕉末端的薄膜（可防止霉变）。她尽全力去掉不想要的塑料：她把Tyvek信封寄回杜邦回收，把更新的自动税收所寄送的不需要的光盘送回去，骑自行车穿过整个城镇把泡沫聚苯乙烯送还给寄包裹给她的快递公司。整个2009年，她只积累了1.68千克的塑料——只占平均每个美国人的4%，她在博客中自豪地这样写道。她很快乐地承认她很极端，但她觉得自己是在为其他愿意跟随她的人开辟一条道路。

令人惊讶的是许多人愿意尝试（尽管其中没有她丈夫，他支持她的努力，但还没有加入到她的无塑料队伍中来）。有几十名她的读者接受了她的挑战，收集塑料垃圾一周或以上，并把照片发上来。实际上，博客群里充满了排斥塑料的人和零废物的狂热者,他们决心把足迹减少到最小。他们分享家用调味品和防臭剂的配方,他们试图找到不含人造品的跑步服和非塑料瓶装的防晒霜,他们也交流如何回收不需要的塑料品,如礼品卡。泰瑞的一位读者建议:"用它们来刮干净桌布、纤维、平烛台上的干蜡。做手工时用卡来压折叠线……把它们切成方块,并黏到软木塞上,用作镶嵌装饰物"。他们在网上承认消费的罪恶——一位读者写信给泰瑞:"出于懒惰,我屈服并购买了塑料包装的玉米粉圆饼"。

即使在这些核心人员中,极端程度也不同。一位绿色博主指责泰瑞是"苦行者般的环保主义",因其用小苏打和醋来洗头。对此,泰瑞说,此指责来自一位倡导用布来代替厕纸的女士,"我认为那才是真正的极端"。但对泰瑞来说,她根本不觉得放弃瓶装香波而使用小苏打和醋是一种巨大的牺牲。它很便宜,这满足了她节俭的天性。另外,她说:"我不是很像女孩那样爱打扮,从来不是"。早期在博客上反对塑料的那位女士,经常抱怨很难找到不含塑料的化妆品。

我问:"你做过什么让你觉得像是苦行僧的环保主义者吗?"

她很渴望地笑道:"我怀念奶酪"。她所喜欢的干酪都毫无疑问会用塑料包装。最终,她设法找到了一种包在天然蜜蜡中的奶酪。但是她必须把整块约6.8千克重的奶酪买下才行。有时她试图让自己休息一下。"某天我去了贸易商人乔的商店,我就想吃顿快餐。我以前总可以在那里吃东西,我想买沙拉"。在她的下一条博客中她准备说出她的罪行。但是这时那个肚子里装满塑料的黑背信天翁的画面闪过她的脑海。"我真是无法去做。我看着所有的塑料,然后走出去了"。

在她去塑料化的过程中,她越发经常放弃购买东西。泰瑞回忆说,起初她只想将塑料替换为用玻璃、木头、纸或其他天然材料制作的物品。她购买用玻璃瓶装的调料,寻找不用塑料盘包装的冷冻晚餐,试着用豆奶粉来做豆奶(她认为那很好),并且放弃一次性剃毛刀,代之以她在当地古董店找到的老式安全刀片。

她说:"我想我能找到房子里任何物品的替代品"。但随着时间的推移,她发现"我能买的东西越来越少了"。但她的吹风机坏了的时候,她要么不用,要么就是想办法修好它。后来,她确实修好了。她不去买杏仁奶或者酸奶、止咳糖浆,而是自学如何制作它们。不去买新工具,她会向朋友借,或者通过当地工具租借计划来借。

泰瑞说她意识到:"放弃塑料意味着我会被迫消费更少"。她对其塑料信用卡可能没有环保的意见,但事实是,没有塑料的生活意味着她用到它们的机会会越来越少。

　　塑料如此之深地植入我们的消费文化中,以至于它与我们的生活息息相关。看看塑料村光亮清洁的表面,你会看到能使生活更容易、更方便的丰富产品。但是如果抛开表面,你就会开始看到小的,甚至微小的便利也会有影响深远的结果。它们会反映在比我们活的更长的一次性产品中,或在能够破坏未来世代的健康和繁殖力的化学品中,或在被我们所抛弃的无法回收和再利用的物品所噎死的信天翁身上。

　　这是否意味着我们必须沿着泰瑞的道路走出塑料村呢?我们必须在塑料和我们的星球间做出选择吗?如果只有这些选择,我不敢肯定我会相信自己或国民做出正确的选择。幸运的是,建立可持续的未来并不需要如此苛刻和引人注目的选择。实际上,过于简单地追求完美可能会阻碍绿色物品的到来。

　　考虑一下试图大胆改善牛奶生产和销售的地方乳品厂吧。我所在地区的一家用可回收玻璃瓶销售有机牛奶。但瓶盖仍然是塑料的,这对泰瑞来说就是违背交易规则了。她说,这是一个优先的问题,"你必须把生命中重要的东西排在前面。我不需要喝牛奶"。那对泰瑞来说可能是个合理的选择,但如果有足够多的人跟她去做,可回收瓶子的有机牛奶公司就会倒闭。如果我们想带来一个更绿色的世界,个人的德行必须符合广大政治和社会环境。然而,泰瑞不妥协的范例也是对我们每天随便所做的交易的一种提醒,正如我最终决定接受她的塑料挑战并收集我消费的塑料垃圾一个星期时所意识到的。

　　我一直在拖延。我不确定为什么,除了整个想法使我模糊地感觉不舒服。我知道我不可能把塑料用量缩减到泰瑞的水平。我有3个孩子,全职工作,有很不执着的性情;我从未有过跑马拉松的冲动。我不相信收集塑料垃圾一个星期能告诉我任何我不知道的东西。或者,如果诚实地说,任何我想知道的东西。

　　令我惊讶的是,它证明这是一个很有用的练习,就像我在早期试验中写下一切我所摸过的塑料的东西。它再次提醒我塑料的无处不在以及忽视这一事实有多么容易。知道我必须保留并且考虑我用的每件塑料品,把每次使用甚至是最小的应用,转化为一个理智的决定。如在体育馆里,我可以给自己倒一塑料杯在冰箱旁边的饮用水,并把杯子加到收集品中,也可以走下楼喝饮水器中的水。

　　看着我在一星期中收集的那堆垃圾,一共123件,这可能比泰瑞一年积攒的还要多,其中有几件事变得很清晰。我真的需要从商店购买黄瓜吗?它被装在塑料盘中,外面由塑料薄膜包装,每个黄瓜上都贴有小标签。有时需要吧。但大多数时候我能留出时间在农贸市场或者邻居的小摊驻足,在那里所有的水果和蔬菜都不会包一层人造薄膜。

我很尴尬地意识到,在那一星期我所收集的包裹中有很多由于我们没吃完而坏了的食物。有5袋面包,每袋中都有几片发霉的,是孩子们拒绝吃的面包。那些袋子证明我太多次随意购买杂货,而不去仔细考虑我们真正需要什么。正如罗伯特·莉莲菲尔德这位《用更少的东西》的作者之一所告诉我的,当时我在和他谈论塑料购物袋的问题。他指出一次性购物袋所带来的全部环境问题中,最重大的影响是看它们装什么。减少人类的足迹意味着处理令人无法忍受的食物消费习惯,如在寒冬中要草莓,或者购买不同种的已濒临灭绝的海鲜。

贝丝·泰瑞的挑战唤醒了我购买家庭用品时的警觉感,当我在商店中推车时提醒我要问问自己:这是我们真正需要的吗?我会比泰瑞更多次地回答"是的"。但这绝不是问自己一个坏问题,特别是在这种消费观念下,鼓励人们定期刷信用卡却不必仔细思考的情况下更是如此。

那些信用卡提供了强有力的方式使消费者有多种选择。我们能够用它们来为更健康、更安全的产品投票,并支持真正绿色塑料的发展。我们也可以通过把它稳稳地塞入钱夹里,并拒绝对不能够再使用和回收的过度包装的物品和产品来投票。这种力量已使持续性成为市场中可行的一部分,也促进了耐用水瓶、旅行杯以及同类产品的销售。这就是沃尔玛现在销售有机产品,高乐氏推荐无毒清洁产品套装、婴儿奶瓶和运动水瓶制造商主动替换掉含双酚A产品的原因。我们能够推动市场,正如泰瑞在2008年所展示的,当时她成功组织了一次运动,使高乐氏回收用在其碧蒂水过滤器中的碳芯——欧洲的碧蒂制造商在多年前已开始这么做了,这更是由于生产商延展责任法所要求的。

但个体的单独行动不太可能带来现在所需的大规模改变,无论行动是停止塑料化我们的海洋,保护孩子不受内分泌干扰素的影响,还是限制加剧全球变暖的碳排放。这种使我们与塑料联姻的力量——强有力的石化工业,获得性的文化,移民区的无秩序生活破坏了社区生活观念,最终演化为一种世界不受生物学限制的政治文化。无法再把那个妖怪放回瓶子,但我们能重塑我们的政治文化,从而使妖怪成为一个更好的公民。

各级政府从市议会到国会,他们在重新建造我们的社会过程中都要起作用,应该建成一个生活轻松、方便、有效地使人们使用更少,再利用更多,能够回收以及堆肥的地方,能够满足这些要求的企业就能够繁荣。所有的生产者对于他们所生产的产品都负有从摇篮到摇篮的责任;海洋因其广大的资源而被珍视,而不是通过我们倾倒塑料这种愚蠢行为把它变为垃圾场。

重新建立我们与塑料家族的关系是一项大工程。

我们在过去10年制造的塑料几乎同此前几十年加起来的一样多。不论好与坏，我们已经习惯于我们的聚合物朋友。今天的大学毕业生对于从事以"塑料"为职业的愿望可能不会像达斯汀·霍夫曼的时代那样高，但他们的生活会被塑料的出现而定义的程度比之前几代人的都要高。塑料生产正在加速，塑料物品正在各处蔓延，一种使用后抛弃的文化正在出口到发展中的各国，它们对塑料的消费据估计会在未来40年里赶上美国和欧洲的水平。我们每年全球的塑料产量，如果按现在的趋势看，到2050年时会达到上亿吨。如果现在我们感觉被塑料窒息，到那时会是什么感觉呢，那时我们会消费几乎是现在4倍的塑料啊！

　　从塑料早期的承诺以来，我们已经走过了很长的路，我们原来希望这段距离能够使我们从自然世界的束缚中解放出来，财富民主化，激发艺术性，保证我们制造任何想要的东西。但由于我们走了很多弯路，塑料还是保持原来的承诺。特别是在一个有70亿人的世界里，并且人还在增加，我们比以往更需要塑料。我们必须提醒自己，创造一个壮丽世界的力量并不在于我们所采用的材料，而在于我们的想象力，我们创造社区的能力，我们认识危险的能力和寻求更好解决问题的方式。

　　正如个体的行为无法替代集体政治意愿的运动，我们也不能简单地立法来达到可持续的、富足的未来。重塑塑料村并把它建成一个我们的孩子以及他们的后代能够安全生活的地方，这要求我们面对自我的假设，面对我们到底需要什么来完成生命，满足愿望。我们并不需要拒绝物质的东西，而是要去再发现它们的价值，可能并不在于我们所拥有的量（正如黛拉的梳子一样），更在于我们所拥有的材料使我们互相联系起来并与地球相连，地球才是我们财富的真正来源。

后 记

一座桥梁

这座桥梁并不引人注目——只是一个很短的平常的横跨桥，它连接一条土路，深入到新泽西州松林荒原。路两边排列着北美脂松、胭脂栎、黑色树胶树、蓝莓和羽叶灌木，覆盖在河两岸。这座桥是很多跨越有茶叶颜色的河水，默利卡河的桥梁之一，这条河蜿蜒穿过瓦顿州立森林公园。然而，与其他桥梁不同，这座桥完全是由塑料制成。

除非你停下来仔细查看，否则你不一定知道它是塑料桥。一位女州立森林发言人告诉我，都是一样的，"它看上去不是不协调"。她说，实际上，因为它完全是由回收塑料制成，"它聚焦了我们绿化的重点"。

几乎有100万个用过的牛奶罐和很多旧的汽车保险杠被弄平、融化并重制成塑料梁、厚板，用于建造这个约17.07米长的桥梁。罗格斯大学聚合物科学家托马斯·诺斯克发明了这项将塑料抛弃物变为耐用建筑材料的技术。然后他把这一技术授权给埃克森国际公司新泽西州的一家公司，使这项技术得以商业化。埃克森说通过回收生成的塑料能被塑造，并制成桥梁、铁路枕木、甲板、桩结构、堤岸和防洪堤，能够经历时间的考验，比木材、水泥或者钢材都更耐用。只用了2年时间，公司就为超过约907.18吨的本来要被堆入掩埋场的废弃塑料创造了新生命。对于埃克森的创始人吉姆·科斯登来说，生产这种产品就是在还债，因为他早期的事业是生产由原塑料制成的衣挂，他知道那些衣挂最终都会被扔掉。他说："塑料的全部缺陷——耐久性和不能降解,都被转换成优点,你把一个不会降解的材料用于希望它永久的地方就好了"。

瓦顿森林桥建于2002年,是公司建造的第一批桥之一。被这项技术所吸引,美国军方雇佣该公司在博格堡建两个跨小溪的桥梁。埃克森承诺这些桥不仅能支撑卡车,也能支撑M1艾布兰坦克,该坦克每辆重达70吨。军方工程师对于塑料结构能够支撑坦克这一点很怀疑,他们带来一辆吊车用于测量坦克过桥,他们认为需要把坦克吊出小溪。庞大的坦克隆隆开过约6.1米长的桥梁,而桥几乎一点儿也没弯。美国军方的一位代表在2009年桥启用时不无羡慕地致辞:"其他人会建设结实的桥梁,但这座桥却如同美国军队一样坚强"。

他说,军方每年会花掉225亿美元用于替换被侵蚀的建筑结构。这座桥的造价比其他材料的低,而且是抗腐蚀的,实际上还是免维护的。在博格堡桥建成之后,军方又为弗吉尼亚州的尤斯特斯堡订了两座桥。这些桥用于通过重达120吨的火车蒸汽机。

埃克森在瓦顿州森林中替换掉的那个破败的木桥至少有50年历史了;当瓦顿家族把土地在1954年赠给州里时桥就存在了。这座塑料桥很可能会持续得更久。不包括战争和天灾,这座桥会一直在那,附近的橡树和松树都会死掉,新的树木会替代它们,等待着地球上的未来几代人轮流跨越这座桥梁。塑料顽固的持续性往往是对自然界的一种伤害和侮辱。但这个普通的穿越森林的桥梁却是对这种不死材料的恰当应用。可能对于跨度像大班吉大桥和金门桥这样的大桥并不适用。但科斯登说,在美国60万座左右的桥中大多数是小跨度桥(比21米短),传统材料可以很容易由回收塑料替代。

世界上最古老的桥是希腊南部的阿卡迪克桥。3 000年前,石匠们把粗糙的石灰石拼在一起,形成一座简单的拱桥,约有3.66米高,18.29米长,横跨在当时的河流上,现在已是干涸的、杂草丛生的积水沟了。看着这个古代的结构,你几乎可以听到马拉着的战车咔嗒咔嗒地在迈锡尼城中穿梭。这座阿卡迪克桥可追溯到铜器时代末期,此时由于火山爆发、地震、其他文化的侵袭以及气候变化而导致灾难性的崩溃。

今天,不论是好是坏,我们都坚定地存在于塑料时代,同时面临着可怕的生态崩溃的通告。我们手边有这种能防止垮塌的材料,也有能够创造可持续性遗产的工具。数千年后的考古学家挖掘到我们这一时代的地层时,会不会发现里面塞满了不朽的抛弃物,如瓶盖、包装纸、吸管和打火机——一个被垃圾所噎死的文明?或者他们会看到像在瓦顿州森林中的桥梁,这些桥梁可能缺乏美感,却有很重要的故事要讲述:我们是一群能制造神奇材料的智慧人,也有很好使用它们的智慧。

术语汇编

以下为我们最可能遇见的塑料品，以常见的顺序排列。

聚乙烯：如果在聚合物中进行流行性比赛，聚乙烯一定会轻松获胜。有超过三分之一的世界范围内生产和销售的塑料制品都属于这一家族。它们很结实、有弹性、防潮，而且非常容易加工，这使得它们成为很好的包装材料。此家族成员包括：

1）**低密度聚乙烯（LDPE）**：用于制作塑料袋（装报纸、干洗衣物、冷冻食品等）、收缩膜、挤压式瓶子、牛奶盒涂层，以及冷热饮料杯。

2）**线性低密度聚乙烯（LLDPE）**：聚乙烯延展性更强的版本，用于制造塑料袋、收缩膜、盖子、小钱袋、玩具以及有弹性的管子。

3）**高密度聚乙烯（HDPE）**：聚乙烯中较硬的品种，用于制造无处不在的塑料购物袋，以及Tyvek（特卫强）家用隔绝材料。其更坚硬的种类可用于装牛奶、果汁、洗洁精以及家用清洁剂的瓶子，也用于装麦片盒中的袋子。

聚丙烯：尽管与聚乙烯有联系，这种塑料却能承受更高的温度和更强的碰撞，这使得它在包装方面占有一席之地。它能够承受瓶盖和链条盖需要的压力和扭力。其高熔点使之能够用于制造打包盒、装热食品的盒子，如新煮的糖浆、发酵的酸奶以及外带食品。汽车里外都有聚丙烯，从减震器到地毯，再到内饰底层都是。在纺织品中，聚丙烯能够使潮气外泄，而其本身保持干燥，这使得它可用于一次性尿布、保暖背心甚至宇航员的太空服。

聚氯乙烯：是所有塑料品中用途最广（争议也最大）的塑料之一。它可以有多种特性——刚硬、薄膜、柔韧、皮革状——这是由于它很容易与其他化学品混合。乙烯基包围在我们周围的各个地方。我们在房子外面用它；墙上用它，地板、天棚上也用；还可用于隔绝电线；作为人造皮革制成衣物和瑙加海德革室内装潢；管子的外套和接头；医疗器械上柔软的塑料。

聚苯乙烯：当空气进入膨胀聚苯乙烯这种合成蛋白中时将形成常见的保丽龙产品。在这种形式下，它是很好的绝缘物，可用于房屋、热咖啡、易碎品运输及头盔（骑车用）。但它也可以以结实、坚硬的塑料形式出现，用于CD盒、录像带盒、一次性剃须刀以及餐具。耐冲击的版本可用于制成衣挂、烟感器外罩、汽车牌照架、阿司匹林药瓶、试管、培养皿和模型套件组。

聚氨酯：在1954年发明，聚氨酯是塑料的一个大家族，常以发泡形式出现，非常柔软有弹性（想想家具、汽车、跑鞋中的垫子）；也可以是结实坚固的（如建筑中和冰箱里的隔板）；还有介于两者之间的（如仪表板的填充物）。聚氨酯的支持力还可以更强，它可以被织成纤维做成斯潘德克斯弹性纤维或合成弹力纤维，或者喷射成一层薄膜做成无乳胶保险套。

聚对苯二甲酸乙二醇酯（PET）：是聚酯家族中最突出的成员，在第二次世界大战后以防皱纤维首度亮相，现在纺织品还是聚酯的最终用途。之后PET很快就有了其他用途：照片、X光片、录音、录像带。但它最知名的用途是在包装方面，它有玻璃般的清澈，可以制成无与伦比的密封容器，隔绝使食物变坏的氧气，使产生吱吱声的二氧化碳留着瓶里。现在几乎每种饮料都用PET瓶来装——很可能你的下一瓶酒也会如此。

丙烯丁二烯苯乙烯（ABS）：ABS是20世纪40年代由科学家在试图制造人造橡胶时创造的。由三种成分构成的共聚物是坚硬、光滑、减震，并不像橡胶的材料，可用于制造乐高玩具、八孔长笛和塑料竖笛等乐器、高尔夫球杆的头、电话和厨房用品的外壳、汽车车体部件，以及其他轻质、坚硬的铸造产品。

酚醛塑料：这一家族的聚合物是来自第一个完全人造的塑料：电木。与其他常见塑料不同，酚醛塑料不能再被融化和重塑。它结实、坚硬，能够隔绝电，这些塑料用于电器装置以及开关、塑料贴面和餐具把手。电木这种人们最熟悉的酚醛塑料曾遍及人们生活的各个角落。现在已隐退于游戏世界,主要用于制造国际象棋、跳棋、多米诺骨牌和麻将牌。

尼龙:此名称是杜邦公司的一个商标,包括多种塑料。其质量使女士的长筒袜发生革命性变化:强劲、耐用以及有弹性,这使得尼龙很适合其他的一些物品。人们在对人造丝的追求中产生了尼龙,尼龙纤维用于织物、新娘面纱、乐器弦、地毯、维可牢尼龙搭扣,以及绳索的制造。其固体形式尼龙可用作机器螺栓、齿轮、船的螺旋推进器、梳子、滑板轮、油管及油箱、尼龙刷毛可用于牙刷和毛刷。

聚碳酸酯:工程塑料的家族成员之一,它是与压铸金属竞争而产生的。它可能是塑料中最结实的,但它也是透明的,这两者结合使它可用于齿轮、CD、DVD、蓝光碟片、眼镜片、实验室设备、电工工具外壳的制作。也用于你不希望破碎的容器上,如奶瓶和运动水瓶。但由于担心这种塑料会泄漏化学物质双酚A,因此此种用途已淡出了市场。

丙烯酸:像玻璃一样透明,却强硬很多,亚克力能够经受严酷的天气,并能挡住子弹,这使得它在第二次世界大战期间成为理想的保护空降兵的材料。现在,它用于总统车队中、主教汽车上,以及快捷出纳窗户上。但亚克力也被报道用于许多不那么风光的任务上:飞机机窗、潜艇舷窗、户外招牌以及汽车尾灯、家用及商用水族箱、白内障患者的替代晶体,以及代替淋浴玻璃门。